もくじ 文章題・図形５年

ページ

図形のまとめ

三角形や四角形の角の大きさ

●三角形の３つの角の大きさの和は180°

●四角形の４つの角の大きさの和は360°

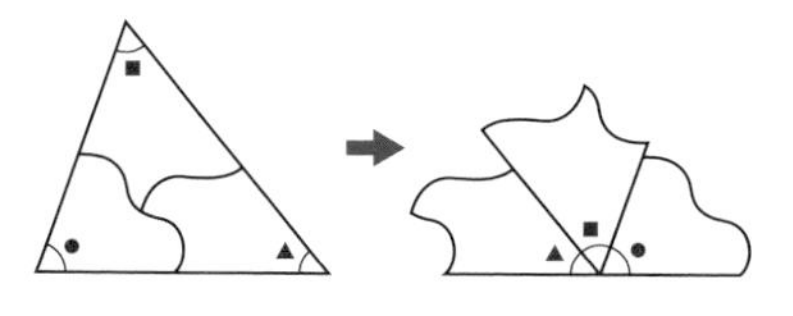

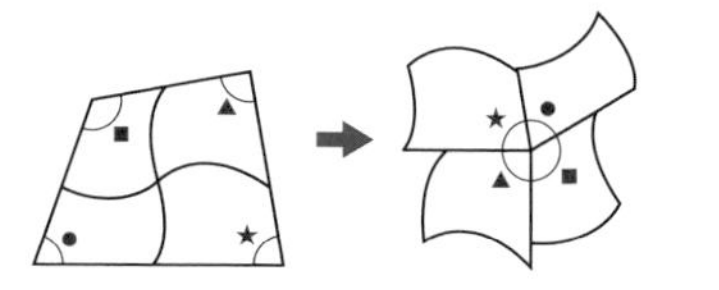

図形の面積

●平行四辺形の面積＝底辺×高さ

●三角形の面積＝底辺×高さ÷２

●台形の面積
＝(上底＋下底)×高さ÷２

●ひし形の面積
＝対角線×対角線÷２

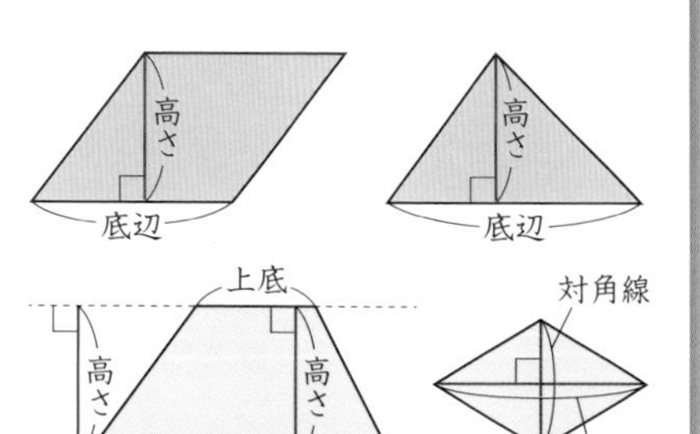

円周

●円周＝直径×円周率(えんしゅうりつ)

●円周率＝円周÷直径

※円周率はふつう3.14を使う。

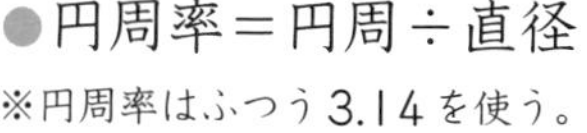

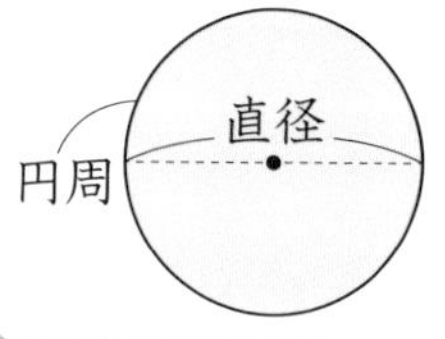

角柱と円柱

●底面➡平行になった上下の面

●側面➡横の面

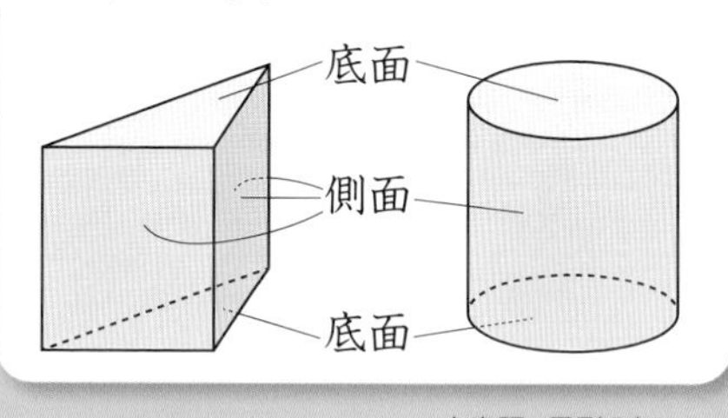

1 体　積
直方体・立方体の体積

／100点

1 │辺が│cmの立方体の積み木を使い、下のような立体をつくりました。それぞれの体積は何cm^3ですか。　1つ20〔40点〕

❶
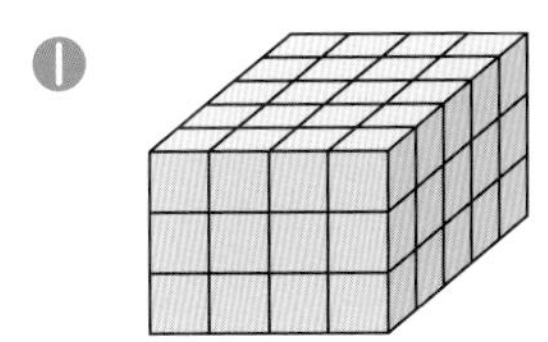

❷
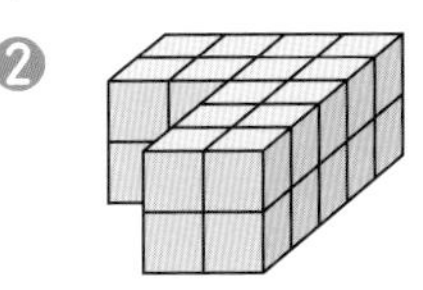

（　　　　）　（　　　　）

2 下の立体の体積は何cm^3ですか。　1つ10〔20点〕

❶
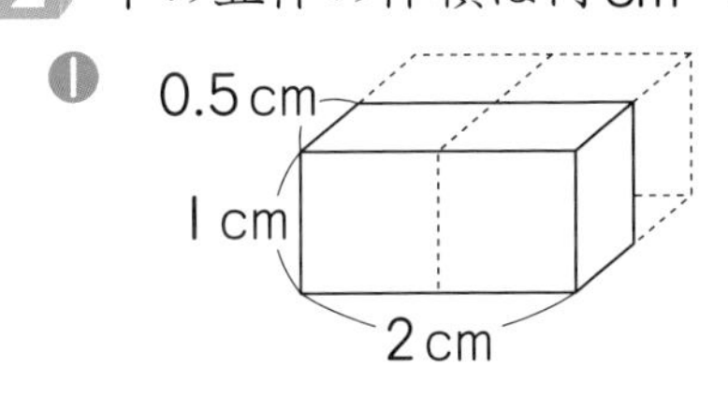

❷
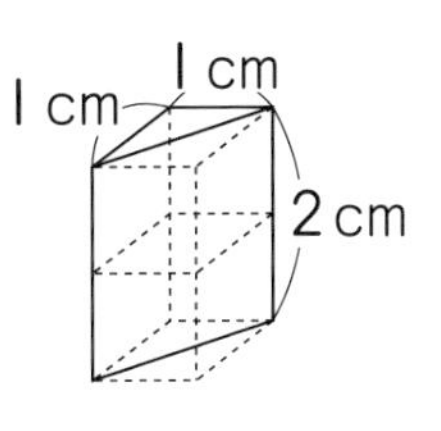

（　　　　）　（　　　　）

3 下の立方体や直方体の体積を求めましょう。　1つ10〔40点〕

❶
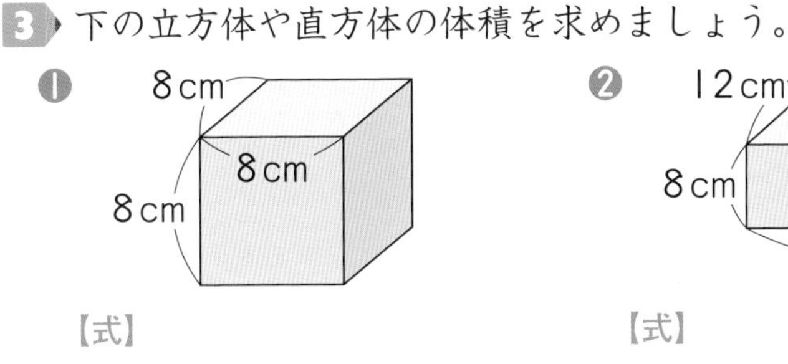

❷
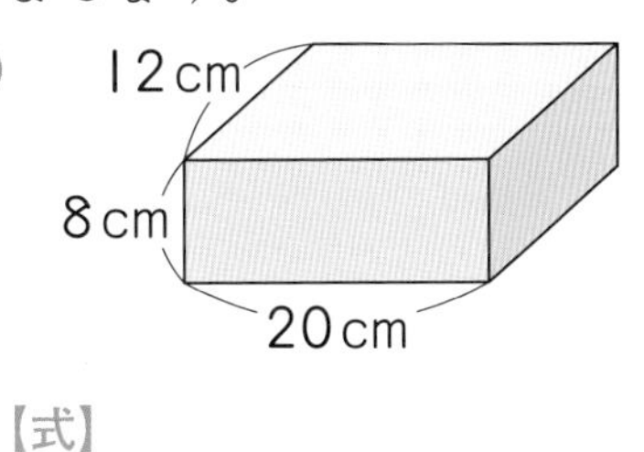

【式】

答え（　　　　）

【式】

答え（　　　　）

答えは
65ページ

1 体　積
直方体・立方体の体積

1 右の図のような直方体があります。　1つ10〔30点〕

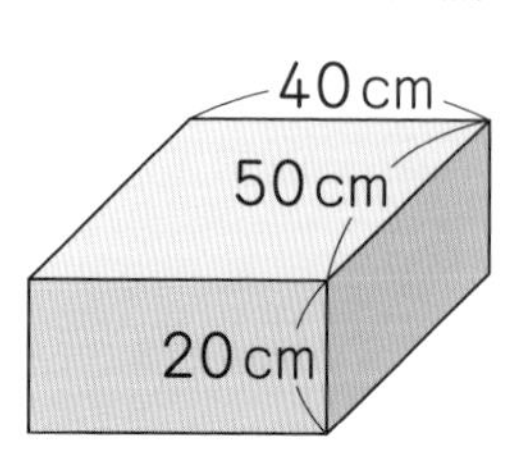

❶ この直方体の体積は何cm^3ですか。

【式】

答え（　　　　　）

❷ この直方体の体積は何m^3ですか。

（　　　　　）

2 右の図は直方体の展開図（てんかいず）です。

1つ10〔30点〕

5cm
4cm
ア
12cm

❶ アの長さは何cmですか。

（　　　　　）

❷ この直方体の体積は何cm^3ですか。

【式】

答え（　　　　　）

3 下のような立体の体積を求めましょう。　1つ10〔40点〕

❶

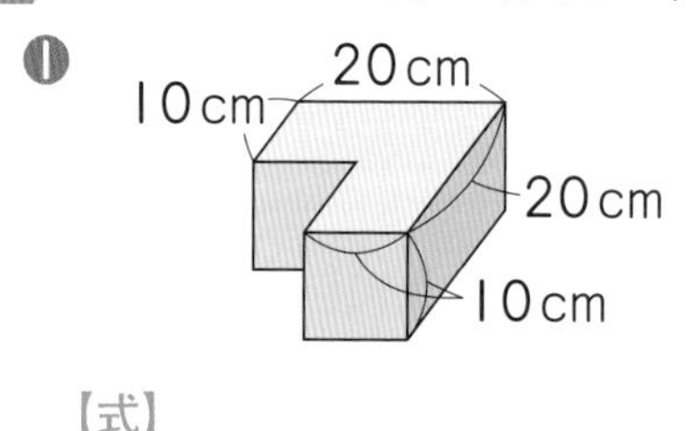

【式】

答え（　　　　　）

❷

4m
4m
1m
4m
2m
1.5m
1.5m

【式】

答え（　　　　　）

答えは
65ページ

1 体　積
直方体・立方体の体積と容積

1 内側の長さが１辺20cmの立方体の形をした水そうがあります。 1つ10〔30点〕

❶ この水そうに入る水の体積は何cm^3ですか。

【式】

答え（　　　　）

❷ この水そうに入る水の体積は何Lですか。 （　　　　）

2 たて12m、横25m、深さ１mのプールに、水をいっぱい入れました。プールに入っている水は何m^3ですか。 1つ10〔20点〕

【式】

答え（　　　　）

3 内側の長さが右の図のような浴そうがあります。この浴そうの形を直方体と考えると、容積（ようせき）は何cm^3ですか。 1つ10〔20点〕

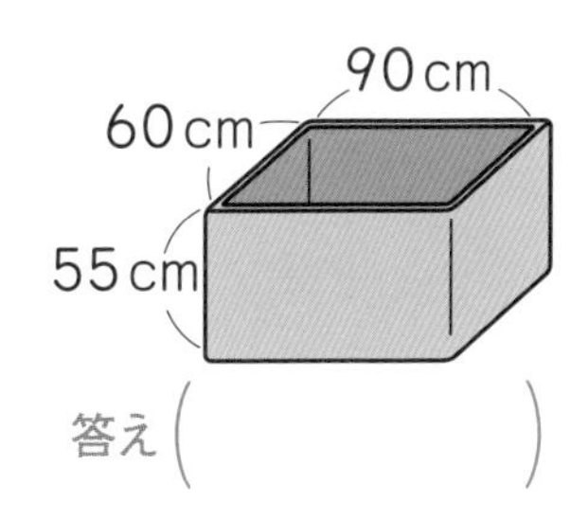

【式】

答え（　　　　）

4 右の図のような形をした水そうに、水が12cmの高さまで入っています。この水そうに鉄の玉を完全にしずめると、水面の高さが5cm上がりました。この鉄の玉の体積は何cm^3ですか。 1つ15〔30点〕

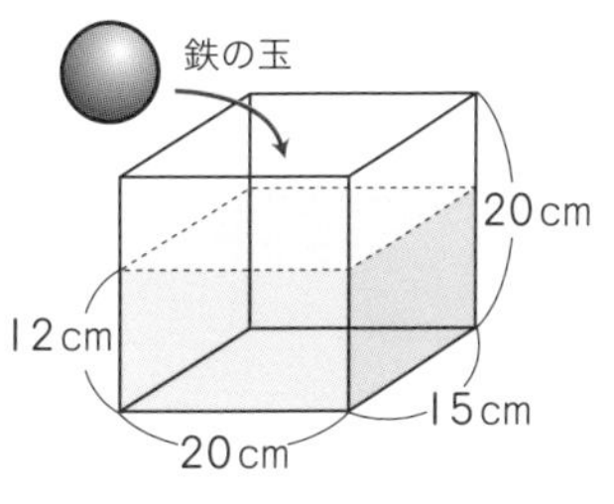

【式】

答え（　　　　）

答えは
65ページ

1 体 積
直方体・立方体の体積と容積

1 内側の長さがたて60cm、横50cmの直方体の形をした水そうに、水が60L入っています。水の深さは何cmですか。

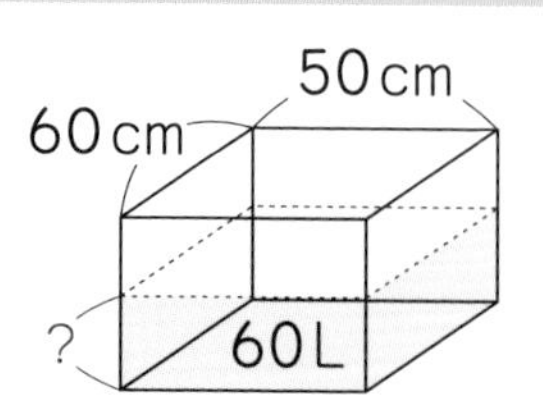

【式】

1つ15〔30点〕

答え（　　　　）

2 厚(あつ)さ1cmの板でつくられた右の図のような容器(ようき)があります。この容器には、水が何cm³入りますか。

1つ15〔30点〕

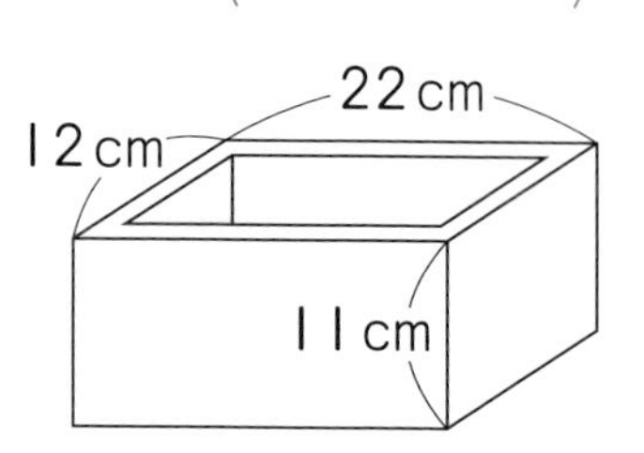

【式】

答え（　　　　）

3 右の図のように、直方体のたてを3cm、横を5cmと決めて、高さを1cm、2cm、…と変えていきます。

1つ10〔40点〕

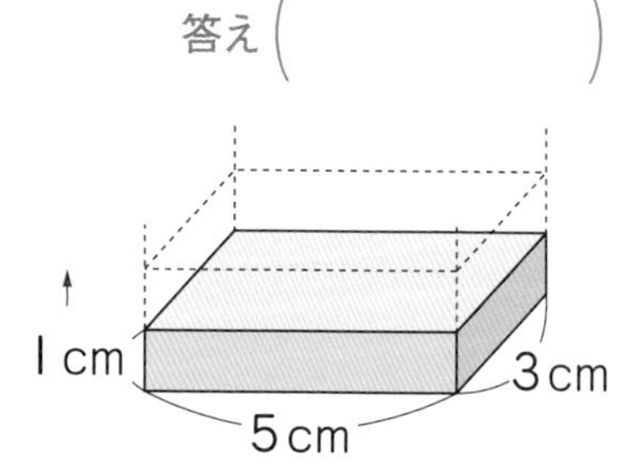

❶ 右の表の空らんに、あてはまる数を書きましょう。

高さ(cm)	1	2	3	…
体積(cm³)				…

❷ 高さが4倍になると、体積は何倍になりますか。

（　　　　）

答えは65ページ

2 小数のかけ算
整数×小数

／100点

1 1mのねだんが60円のリボンを3.4m買いました。代金はいくらですか。 1つ10〔20点〕

【式】

答え（　　　　）

2 赤、白、青の3本のテープがあります。赤のテープは8mです。赤のテープをもとにすると、白のテープは3.5倍、青のテープは0.7倍の長さです。 1つ10〔40点〕

❶ 白のテープの長さは何mですか。

【式】

答え（　　　　）

❷ 青のテープの長さは何mですか。

【式】

答え（　　　　）

3 けんさんの体重は35kgです。けんさんのお父さんの体重はけんさんの体重の1.8倍です。お父さんの体重は何kgですか。 1つ10〔20点〕

【式】

答え（　　　　）

4 1時間に45km走る自動車があります。0.8時間では何km走ることになりますか。 1つ10〔20点〕

【式】

答え（　　　　）

答えは
65ページ

月　日

2 小数のかけ算
整数×小数

／100点

1 1mの重さが25gのはり金があります。このはり金4.56mの重さは何gですか。

1つ10〔20点〕

【式】

答え（　　　）

2 1Lで12m^2の板をぬれるペンキがあります。このペンキ2.65Lでは、何m^2の板をぬることができますか。

1つ10〔20点〕

【式】

答え（　　　）

3 5年1組の花だんの面積は15m^2で、5年2組の花だんの面積はその1.08倍です。5年2組の花だんの面積は何m^2ですか。

【式】

1つ15〔30点〕

答え（　　　）

4 右の直方体の体積は何cm^3ですか。

【式】

1つ15〔30点〕

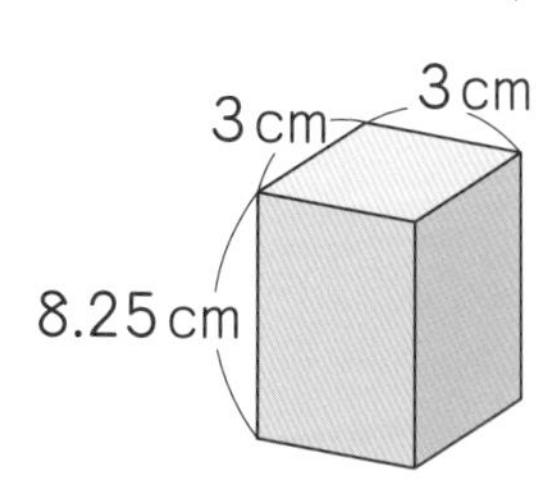

答え（　　　）

答えは
65ページ

2 小数のかけ算
小数×小数

／100点

1 大きいほうに◯をつけましょう。 1つ10〔30点〕

❶ 6 （　　） / 6×0.98 （　　）

❷ 0.7 （　　） / 0.7×1.2 （　　）

❸ 0.14 （　　） / 0.14×0.9 （　　）

2 1mの重さが1.3kgの鉄パイプがあります。このパイプを切って0.8mにしました。重さは何kgになりますか。

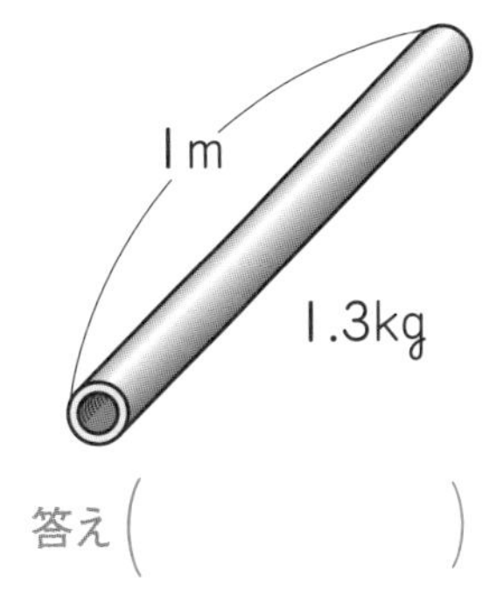

【式】 1つ10〔20点〕

答え（　　　　）

3 ゆきさんの体重は32.5kgで、お父さんの体重はその2.4倍です。お父さんの体重は何kgですか。 1つ10〔20点〕

【式】

答え（　　　　）

4 たてが6.9cm、横が9.2cmの長方形の形をした写真があります。この写真の面積は何cm^2ですか。 1つ15〔30点〕

【式】

答え（　　　　）

答えは
65ページ

月　日

2 小数のかけ算
小数×小数

／100点

1 1 m^2 に種を 2.8 g まくことにします。7.25 m^2 の花だんでは、種を何 g まくことになりますか。　1つ10〔20点〕

【式】

答え（　　　）

2 あるゴムひもをのばすと、もとの長さの 1.5 倍までのばすことができます。このゴムひものもとの長さが 3.64 m のとき、何 m までのばすことができますか。　1つ10〔20点〕

【式】

答え（　　　）

3 しおりさんは、ある数に 1.5 をかけるのをまちがえて、1.5 をたしてしまったので、答えが 3.4 になりました。このかけ算の正しい答えを求めましょう。　1つ15〔30点〕

【式】

答え（　　　）

4 右の図のような土地があります。この土地の面積は何 km^2 ですか。　1つ15〔30点〕

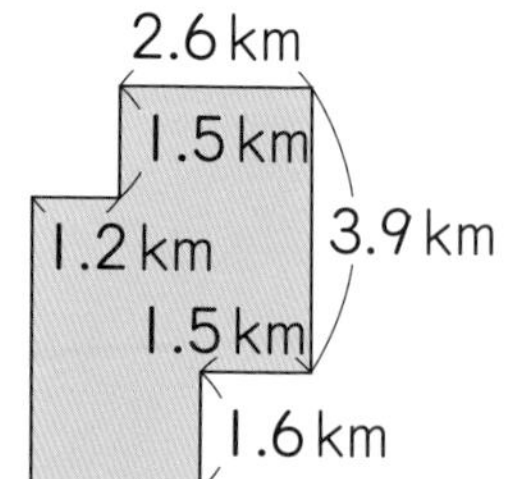

【式】

答え（　　　）

答えは
66ページ

月　日

3 小数のわり算
整数÷小数

／100点

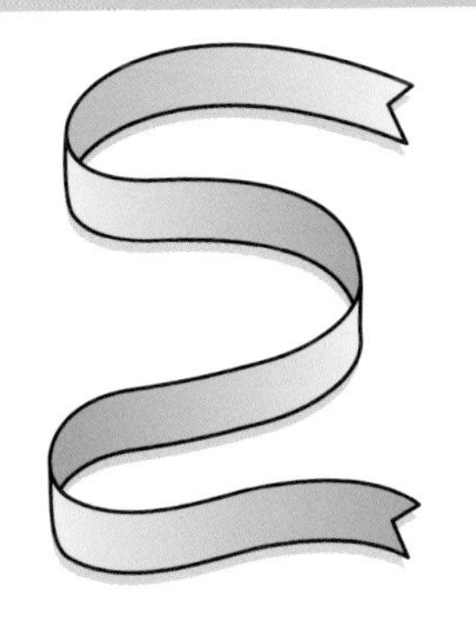

1 リボンを 1.6 m 買ったら、代金は 240 円でした。このリボン 1 m のねだんは何円ですか。　1つ10〔20点〕

【式】

答え（　　　）

2 米 3.5 kg の代金が 2030 円でした。この米 1 kg のねだんは何円ですか。　1つ10〔20点〕

【式】

答え（　　　）

3 45 L の灯油を 5.2 L 入りのかんに入れていきます。かんはいくついりますか。また、さいごのかんには何 L 入れることになりますか。　1つ15〔30点〕

【式】

答え（　　　）

4 みのるさんは、ねこと犬をかっています。犬の体重は 9 kg で、ねこの体重の 2.5 倍です。ねこの体重は何 kg ですか。　1つ15〔30点〕

【式】

答え（　　　）

答えは
66ページ

月　日

10分

3 小数のわり算
整数÷小数

／100点

1 3Lの牛にゅうを350mL入るびんに入れていきます。350mL入ったびんは何本できて、何Lあまりますか。　1つ10〔20点〕

【式】

答え（　　　　　　）

2 1さつの厚(あつ)さが6.8cmの全集があります。本だなの1だんのはばは140cmです。全集は、1だんに何さつならべられますか。また、すきまは何cmになりますか。　1つ10〔20点〕

【式】

答え（　　　　　　）

3 面積が$13m^2$の長方形の形をした花だんがあります。横の長さをはかると4.7mでした。この花だんのたての長さは約何mですか。四捨五入(ししゃごにゅう)して上から2けたのがい数で求めましょう。　1つ10〔20点〕

【式】

答え（　　　　　　）

4 右の表は、みほさんたちの家から学校までの道のりを表しています。みほさんの道のりをもとにすると、ほかの人の道のりはそれぞれ何倍ですか。　1つ10〔40点〕

名前	道のり(km)
みほ	1.6
かな	2
ゆか	1

❶ かな

【式】

答え（　　　　　　）

❷ ゆか

【式】

答え（　　　　　　）

答えは
66ページ

3 小数のわり算
小数÷小数

／100点

1 大きいほうに○をつけましょう。 1つ10〔30点〕

❶ 6（　　）
　 6÷0.2（　　）

❷ 9（　　）
　 9÷1.5（　　）

❸ 1.4÷0.7（　　）
　 1.4÷7（　　）

2 長さが 2.4 m で、重さが 0.6 kg のはり金があります。このはり金 1 m の重さは何 kg ですか。 1つ10〔20点〕

【式】

答え（　　　　）

3 97.5 m のテープから、1.6 m のテープは何本つくれますか。また、残るテープは何 m ですか。 1つ10〔20点〕

【式】

答え（　　　　）

4 東町の面積は 22.1 km^2 です。これは西町の面積の 0.85 倍です。西町の面積は何 km^2 ですか。 1つ15〔30点〕

【式】

答え（　　　　）

答えは 66ページ

月　日

3 小数のわり算
小数÷小数

／100点

1 ある数を 1.8 でわるのをまちがえて、1.8 をひいてしまったので、答えが 19.8 になりました。このわり算の正しい答えを求めましょう。　1つ15〔30点〕

【式】

答え（　　　　）

2 長さ 98.6 m の道の両側に 3.4 m おきに木を植えます。道の両はしにも植えます。木は全部で何本いりますか。　1つ15〔30点〕

【式】

答え（　　　　）

3 面積が 3.87 m^2 の長方形の形をした花だんをつくります。たての長さを 0.45 m にすると、横の長さは何 m になりますか。　1つ10〔20点〕

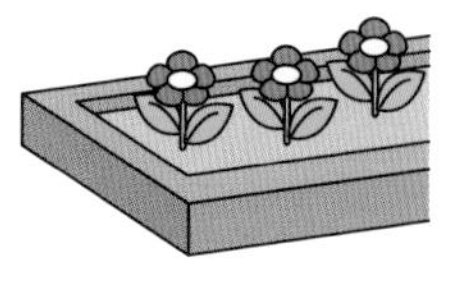

【式】

答え（　　　　）

4 かずきさんのお父さんの体重は 67.5 kg、弟の体重は 9.25 kg です。お父さんの体重は弟の体重の約何倍ですか。四捨五入(ししゃごにゅう)して上から 2 けたのがい数で求めましょう。　1つ10〔20点〕

【式】

答え（　　　　）

答えは
66ページ

4 合同な図形
合同な図形

／100点

1 合同な図形を選びましょう。 1つ15〔45点〕

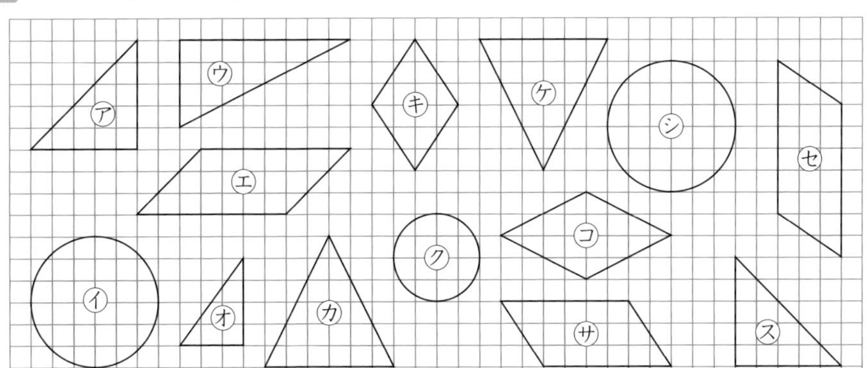

（　と　）（　と　）（　と　）

2 右の2つの四角形は合同です。 1つ15〔45点〕

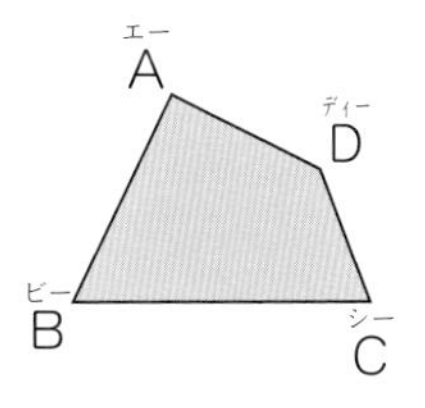

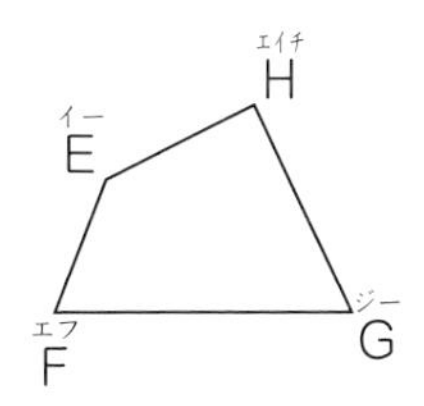

❶ 頂点(ちょうてん)Aに対応(たいおう)する頂点はどれですか。（　　）

❷ 辺FGに対応する辺はどれですか。（　　）

❸ 角Cに対応する角はどれですか。（　　）

3 右の図のように、長方形に2本の対角線をひき、4つの三角形に分けました。㋐と合同な三角形はどれですか。 〔10点〕

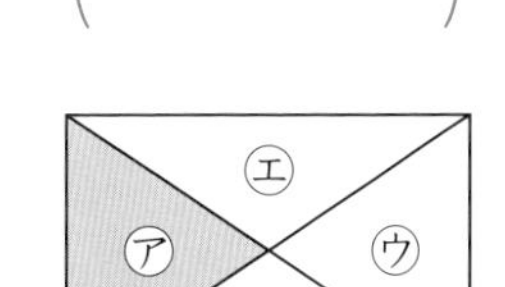

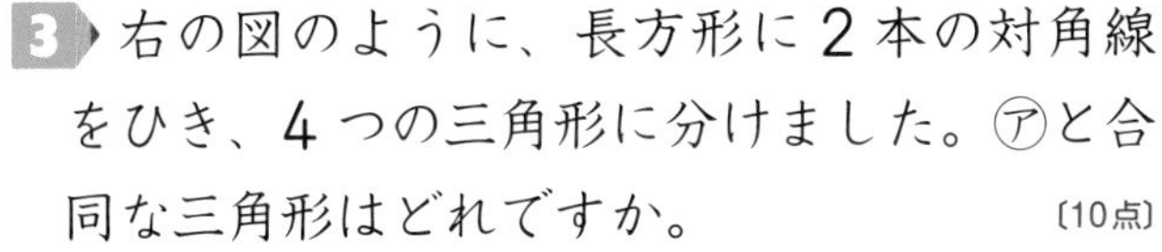

（　　）

答えは66ページ

月　日

4 合同な図形
合同な図形

／100点

1 ㋐と合同な図形は、㋑～㋓のどれですか。〔10点〕

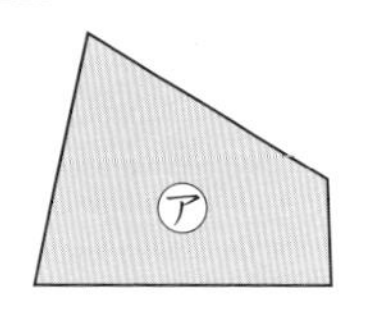

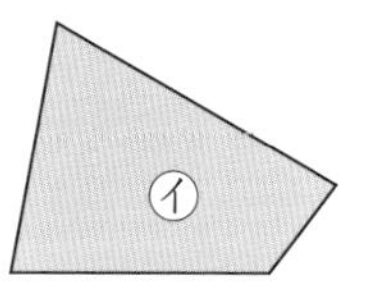

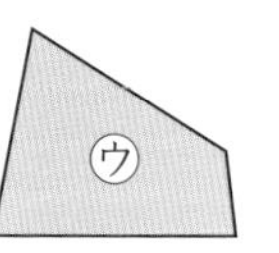

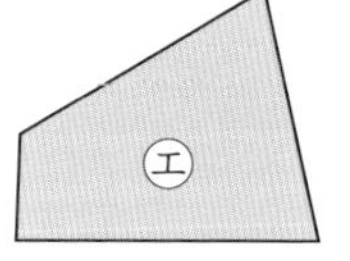

（　　　　）

2 右のあといの三角形は合同です。1つ15〔45点〕

❶ 頂点（ちょうてん）Aに対応（たいおう）する頂点はどれですか。

（　　　　）

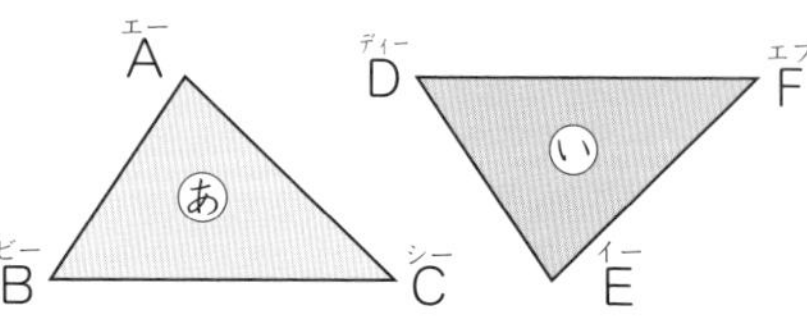

❷ 辺ACに対応する辺はどれですか。

（　　　　）

❸ 角Bに対応する角はどれですか。

（　　　　）

3 平行四辺形は、１つの対角線で２つの合同な三角形に分けることができます。1つ15〔45点〕

❶ 右のように分けた２つの合同な三角形で、辺ABに対応する辺はどれですか。

（　　　　）

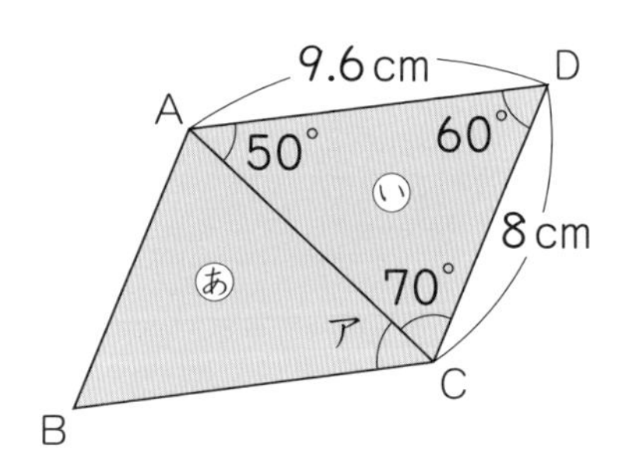

❷ 辺BCの長さは何cmですか。

（　　　　）

❸ 角アの大きさは何度ですか。

（　　　　）

答えは66ページ

月　日

4 合同な図形
合同な図形のかき方

／100点

1 次の㋐～㋒のいずれかがわかると合同な三角形をかくことができます。 1つ20〔60点〕

㋐　3つの辺の長さ
㋑　2つの辺の長さと、その間の角の大きさ
㋒　1つの辺の長さと、その両はしの角の大きさ

下の三角形と合同な三角形をかくとき、上の㋐～㋒のどれを使ってかけばよいですか。

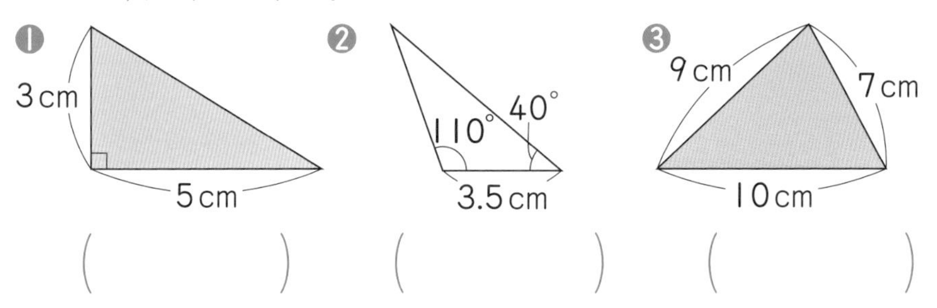

❶（　　　）　❷（　　　）　❸（　　　）

2 次の三角形と合同な三角形をかきましょう。 〔40点〕

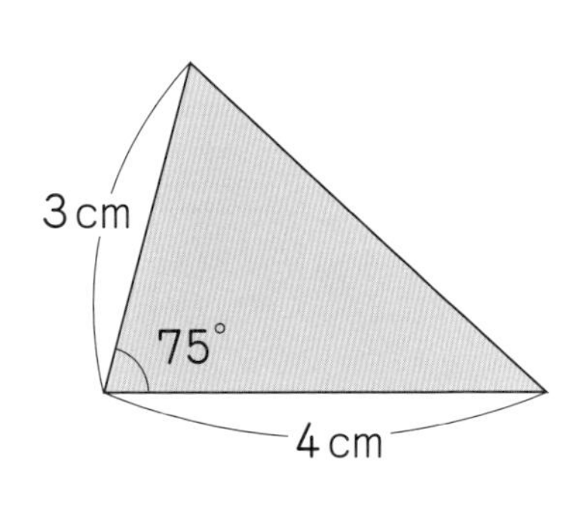

答えは66ページ

月　日

4 合同な図形
合同な図形のかき方

／100点

1 次の三角形と合同な三角形をかきましょう。　1つ30〔60点〕

❶

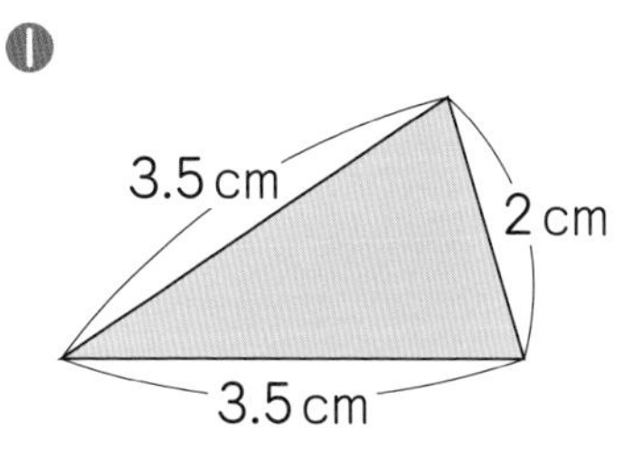

❷

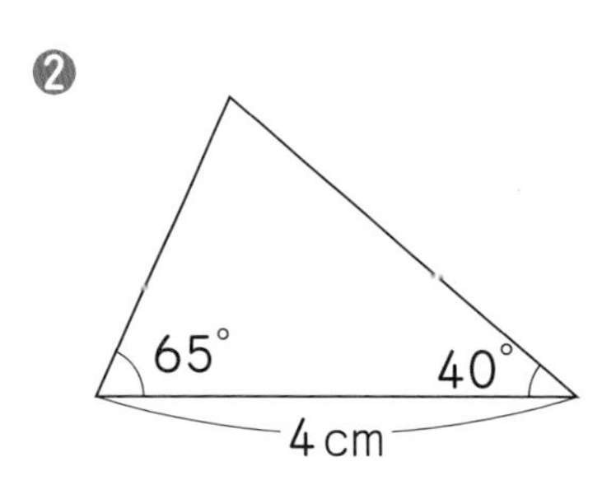

2 次の四角形と合同な四角形をかきましょう。　〔40点〕

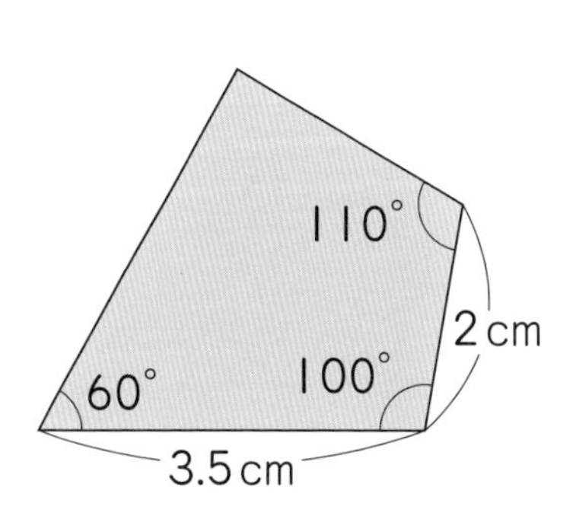

答えは
66ページ

5 図形の角
三角形・四角形・多角形の角

1 次の(　　)にあてはまる角の大きさやことばを書きましょう。

1つ10〔30点〕

❶ 三角形の3つの角の大きさの和は(　　　　)です。また、四角形の4つの角の大きさの和は(　　　　)です。

❷ 三角形、四角形、五角形、六角形などのように、直線で囲まれた図形を(　　　　)といいます。

2 下の図の㋐～㋓の角の大きさを求めましょう。　1つ10〔40点〕

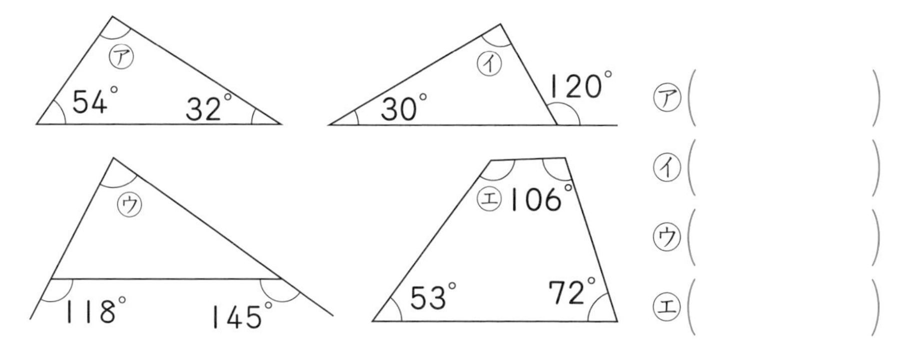

3 下の図の㋐～㋒の角の大きさを求めましょう。　1つ10〔30点〕

❶ 二等辺三角形　❷ 平行四辺形　❸ 台形

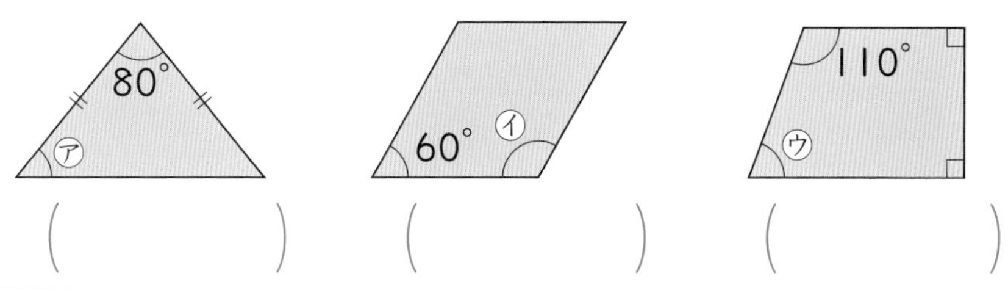

(　　　　)　(　　　　)　(　　　　)

答えは
66ページ

かくにん 9

月　日

5 図形の角
三角形・四角形・多角形の角

／100点

1 下の図は、三角定規(じょうぎ)を２まい組み合わせたものです。㋐、㋑の角の大きさを求めましょう。　1つ10〔20点〕

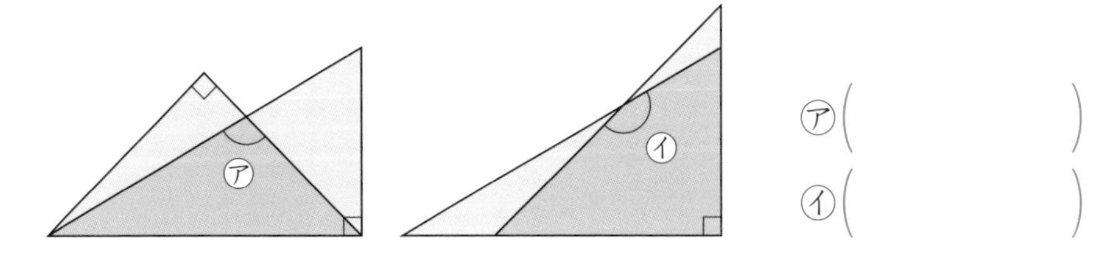

㋐（　　　　）
㋑（　　　　）

2 四角形、五角形、六角形、七角形の１つの頂点(ちょうてん)から対角線は何本ひけますか。　1つ10〔40点〕

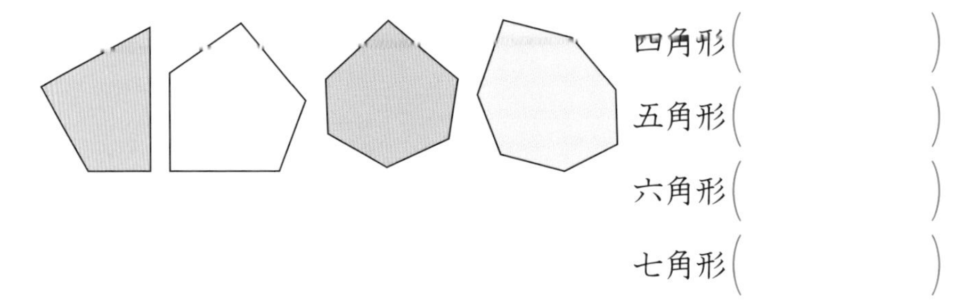

四角形（　　　　）
五角形（　　　　）
六角形（　　　　）
七角形（　　　　）

3 四角形、五角形、六角形、七角形の角の大きさの和を求めましょう。　1つ10〔40点〕

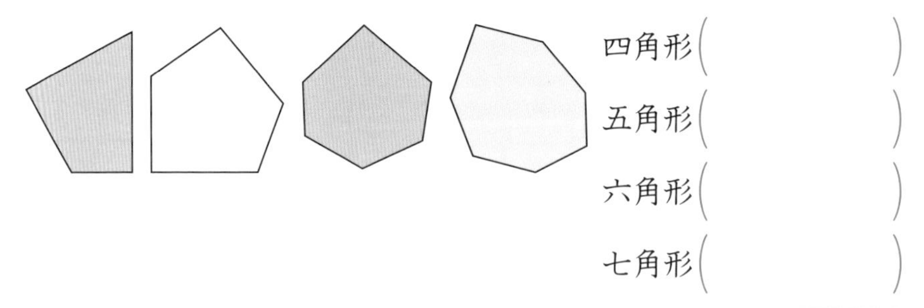

四角形（　　　　）
五角形（　　　　）
六角形（　　　　）
七角形（　　　　）

答えは67ページ

6 整数の性質
倍数と公倍数

／100点

1 □にあてはまる数を書いて、次の数を偶数（ぐうすう）と奇数（きすう）に分けましょう。 1つ5〔30点〕

❶ 12＝2×□

❷ 34＝2×□

❸ 9＝2×□＋1

❹ 25＝2×□＋1

偶数（　　　　）　奇数（　　　　）

2 36人がA（エー）とB（ビー）の2つのグループに分かれます。 1つ20〔40点〕

❶ Aの人数が偶数のとき、Bの人数は、偶数ですか、奇数ですか。

（　　　　）

❷ Bの人数が奇数のとき、Aの人数は、偶数ですか、奇数ですか。

（　　　　）

3 1から100までの整数について答えましょう。 1つ10〔30点〕

❶ 5の倍数は、全部でいくつありますか。

（　　　　）

5の倍数は、
5、10、
15…

❷ 6の倍数は、全部でいくつありますか。

（　　　　）

❸ 5と6の公倍数は、全部でいくつありますか。

（　　　　）

答えは
67ページ

月　日

6 整数の性質
倍数と公倍数

／100点

1 10から50までの整数で、偶数(ぐうすう)は全部でいくつありますか。

〔20点〕

(　　　　)

2 100から150までの整数で、3の倍数は全部でいくつありますか。

〔20点〕

(　　　　)

3 ある駅から電車は12分ごとに、バスは14分ごとに出ます。午前8時に両方が同時に出ました。次に同時に出るのは午前何時何分ですか。

〔20点〕

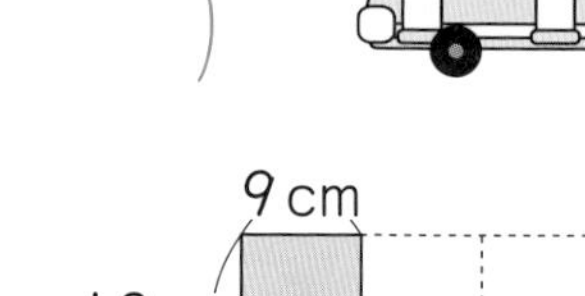

(　　　　)

4 たてが12cm、横が9cmの長方形の紙を、同じ向きにすきまなくならべて、できるだけ小さい正方形をつくります。

1つ20〔40点〕

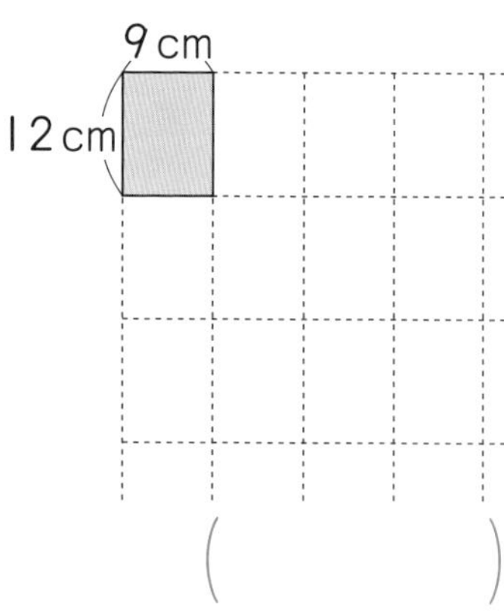

❶ 正方形の1辺の長さは何cmになりますか。

(　　　　)

❷ 長方形の紙は何まいいりますか。

(　　　　)

答えは
67ページ

月　日

6 整数の性質
約数と公約数

／100点

1 次の問題に答えましょう。　1つ12〔36点〕

❶ 8の約数をすべて選びましょう。

0、1、2、3、4、5、6、7、8

（　　　　　　　　　）

❷ 12の約数をすべて選びましょう。

0、1、2、3、4、5、6、7、8、9、10、11、12

（　　　　　　　　　）

❸ 8と12の最大公約数を求めましょう。

（　　　　）

2 次の問題に答えましょう。　1つ16〔64点〕

❶ 48の約数はいくつありますか。

（　　　　）

❷ 80の約数はいくつありますか。

（　　　　）

❸ 48と80の公約数はいくつありますか。

（　　　　）

❹ 48と80の最大公約数を求めましょう。

（　　　　）

答えは
67ページ

月　日

6 整数の性質
約数と公約数

／100点

1 17 と 36 の公約数を求めましょう。 〔20点〕

（　　　　）

2 24 と 36 と 60 の公約数はいくつありますか。 〔20点〕

（　　　　）

3 右のような紙から、同じ大きさの正方形をあまりが出ないように切りとりたいと思います。 1つ20〔40点〕

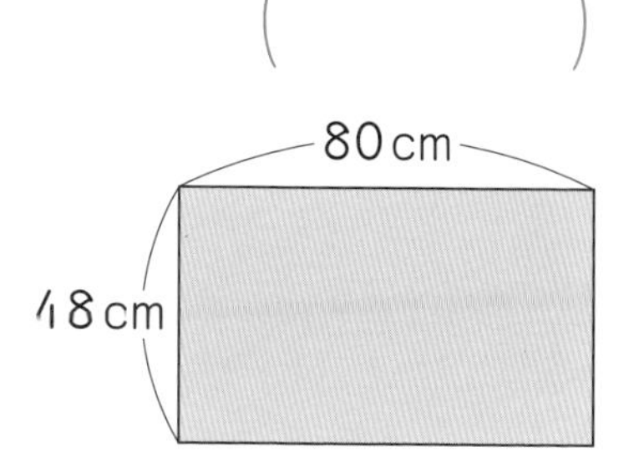

❶ できるだけ大きい正方形に分けるには、1 辺を何 cm にすればよいですか。

（　　　　）

❷ このとき、正方形の紙は何まいできますか。

（　　　　）

4 72 個（こ）のあめと 48 個のクッキーを、それぞれ同じ数ずつ何人かの子どもに配ります。あまりがないように配れるのは、子どもが何人のときですか。すべて答えましょう。 〔20点〕

（　　　　　　　　　　）

答えは 67ページ

7 分数のたし算とひき算
真分数のたし算

／100点

1 牛にゅうを昨日 $\frac{1}{4}$L、今日 $\frac{1}{5}$L 飲みました。

あわせて何L 飲みましたか。 1つ10〔20点〕

【式】

答え（　　　　　）

2 びんにジュースが $\frac{5}{6}$L 入っています。このびんにジュースを $\frac{3}{8}$L 加えると、ジュースは全部で何L になりますか。 1つ10〔20点〕

【式】

答え（　　　　　）

3 あゆみさんはリボンを $\frac{5}{6}$m、妹は $\frac{2}{3}$m もっています。2人あわせると、リボンの長さは何 m になりますか。 1つ15〔30点〕

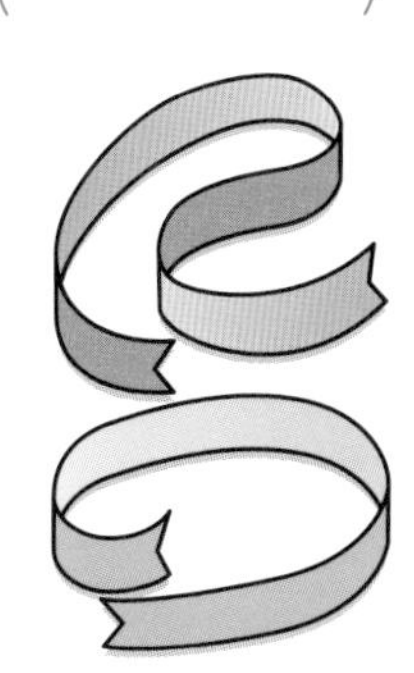

【式】

答え（　　　　　）

4 つとむさんの家から学校までの道のりは $\frac{7}{9}$km、なおとさんの家から学校までの道のりは $\frac{5}{7}$km です。つとむさんの家から学校を通ってなおとさんの家まで行く道のりは、何km になりますか。

【式】 1つ15〔30点〕

答え（　　　　　）

答えは
67ページ

7 分数のたし算とひき算
真分数のたし算

1 あきらさんは家の仕事を$\frac{2}{3}$時間、弟は$\frac{7}{12}$時間しました。2人あわせて家の仕事を何時間しましたか。 1つ10〔20点〕

【式】

答え（　　　　）

2 ちひろさんの家では、先週牛にゅうを$\frac{8}{3}$L、今週は$\frac{9}{5}$L飲みました。先週と今週あわせて牛にゅうを何L飲みましたか。 1つ10〔20点〕

【式】

答え（　　　　）

3 えみさんは山に登りました。上りに$\frac{13}{15}$時間、下りに$\frac{11}{20}$時間かかりました。上りと下りであわせて何時間かかりましたか。 1つ15〔30点〕

【式】

答え（　　　　）

4 リボンをゆきなさんは$\frac{4}{3}$m、妹は$\frac{3}{4}$m、姉は$\frac{13}{6}$mもっています。3人のリボンをあわせると何mありますか。 1つ15〔30点〕

【式】

答え（　　　　）

答えは
67ページ

7 分数のたし算とひき算
真分数のひき算

／100点

1 工作で$\frac{5}{6}$mのはり金のうち$\frac{3}{4}$mを使いました。はり金の残りは何mですか。 1つ10〔20点〕

【式】

答え（　　　　）

2 ジュースが$\frac{7}{8}$Lあります。そのうち$\frac{1}{6}$L飲みました。ジュースの残りは何Lですか。 1つ10〔20点〕

【式】

答え（　　　　）

3 みさとさんの家から学校までの道のりは$\frac{5}{7}$km、あきなさんの家から学校までの道のりは$\frac{4}{5}$kmです。どちらの道のりのほうが何km長いですか。 1つ15〔30点〕

【式】

答え（　　　　）

4 牛にゅうが$\frac{8}{9}$Lありました。たけしさんが$\frac{1}{6}$L、弟が$\frac{1}{4}$L飲みました。牛にゅうは何L残っていますか。 1つ15〔30点〕

【式】

答え（　　　　）

答えは
67ページ

7 分数のたし算とひき算
真分数のひき算

1 $\frac{4}{3}$L 入るびんがあります。このびんにジュースを $\frac{3}{4}$L 入れました。このびんには、あと何L のジュースが入りますか。 1つ10〔20点〕

【式】

答え（　　　　）

2 まさるさんはクロールで 100m を $\frac{11}{6}$ 分、すすむさんは $\frac{13}{10}$ 分で泳ぐことができます。どちらが何分速く泳げますか。 1つ10〔20点〕

【式】

答え（　　　　）

3 みきさんは今日 $\frac{19}{15}$ 時間勉強しました。えりさんは $\frac{17}{12}$ 時間勉強しました。どちらが何時間多く勉強しましたか。 1つ15〔30点〕

【式】

答え（　　　　）

4 家から学校までは $\frac{7}{6}$km、家から駅までは $\frac{29}{14}$km あります。家から学校より駅までのほうが何km 遠いですか。 1つ15〔30点〕

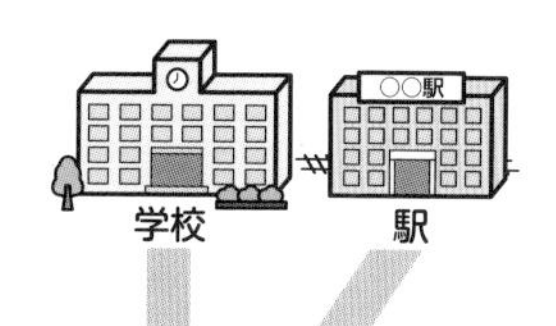

【式】

答え（　　　　）

答えは
67ページ

7 分数のたし算とひき算

帯分数のたし算

1 ある数から $\frac{4}{5}$ をひくと $1\frac{1}{3}$ になります。ある数を求めましょう。

【式】 1つ10〔20点〕

答え（　　　　）

2 ポリ容器(ようき)の中に油が何Lか入っています。この油を $1\frac{5}{7}$L使ったら、まだ $\frac{1}{4}$L残っていました。油ははじめに何Lありましたか。 1つ10〔20点〕

【式】

答え（　　　　）

3 面積が $2\frac{8}{9}$m² の花だんと、面積が $1\frac{5}{6}$m² の花だんがあります。面積はあわせて何m²ですか。 1つ15〔30点〕

【式】

答え（　　　　）

4 ゆきさんは、朝食で $2\frac{2}{3}$g、夕食で $3\frac{5}{6}$g の塩を使いました。あわせて何g使いましたか。 1つ15〔30点〕

【式】

答え（　　　　）

答えは
68ページ

月　日

7 分数のたし算とひき算
帯分数のたし算

／100点

1 ペンキが何Lかあります。板をぬるのに $1\frac{2}{3}$L使ったら、残りが $\frac{3}{4}$L になりました。ペンキは、はじめに何Lありましたか。　1つ10〔20点〕

【式】

答え（　　　　）

2 みさきさんは、もっているリボンのうち、$\frac{5}{6}$m を妹にあげたら、残りが $2\frac{1}{2}$m になりました。みさきさんは、リボンをはじめに何mもっていましたか。　1つ10〔20点〕

【式】

答え（　　　　）

3 りえさんの家から学校までの道のりは $2\frac{3}{4}$km、学校から駅までの道のりは $3\frac{7}{12}$km です。りえさんの家から学校を通って駅まで行く道のりは、何kmになりますか。　1つ15〔30点〕

【式】

答え（　　　　）

4 重さが $4\frac{5}{6}$kg の品物を、$1\frac{3}{10}$kg の箱に入れます。全部で何kgになりますか。　1つ15〔30点〕

【式】

答え（　　　　）

答えは68ページ

月　日

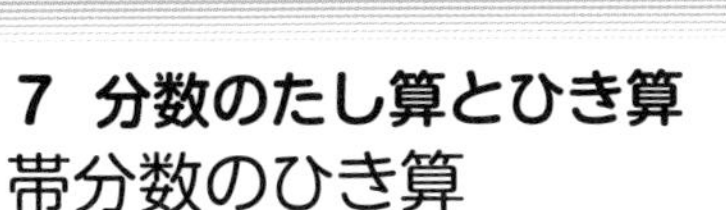

7 分数のたし算とひき算
帯分数のひき算

／100点

1 ある数に $\frac{1}{4}$ をたすと $2\frac{1}{3}$ になります。ある数を求めましょう。

1つ10〔20点〕

【式】

答え（　　　　）

2 つよしさんは、牛にゅうを昨日と今日であわせて $1\frac{5}{6}$L 飲みました。昨日飲んだ牛にゅうは $\frac{1}{3}$L です。今日飲んだ牛にゅうは何Lですか。

1つ10〔20点〕

【式】

答え（　　　　）

3 けんたさんは $3\frac{1}{5}$kg のねんどをもっています。今日工作で $1\frac{3}{4}$kg 使いました。ねんどは何kg残っていますか。

1つ15〔30点〕

【式】

答え（　　　　）

4 赤のリボンと緑のリボンがあわせて4mあります。そのうち、赤のリボンは $2\frac{5}{8}$m です。緑のリボンは何mありますか。

1つ15〔30点〕

【式】

答え（　　　　）

答えは
68ページ

月　日

7 分数のたし算とひき算
帯分数のひき算

／100点

1 ひろきさんは、算数と国語をあわせて $1\frac{3}{5}$ 時間勉強しました。算数は $\frac{5}{6}$ 時間勉強しました。国語は何時間勉強しましたか。

【式】　1つ10〔20点〕

答え（　　　　）

2 ひとみさんの家から図書館を通って市民プールまで行く道のりは $4\frac{7}{20}$km です。図書館から市民プールまでの道のりは $1\frac{3}{4}$km です。ひとみさんの家から図書館までの道のりは何 km ですか。　1つ10〔20点〕

【式】

答え（　　　　）

3 かんに油が $2\frac{7}{9}$L 入っています。油を何 L か加えると、全体で $5\frac{5}{12}$L になりました。加えた油は何 L ですか。　1つ15〔30点〕

【式】

答え（　　　　）

4 さとうが $3\frac{5}{6}$kg ありました。料理に使ったあとで残りを調べたら $1\frac{13}{21}$kg でした。料理に何 kg 使いましたか。　1つ15〔30点〕

【式】

答え（　　　　）

答えは 68ページ

月　日

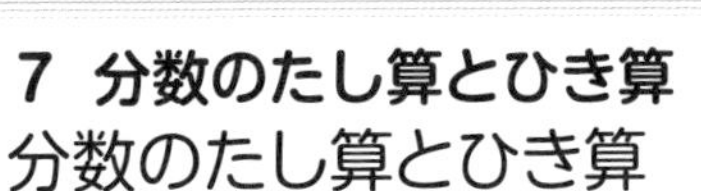

分数のたし算とひき算

／100点

1 まりなさんの家では、朝食で $1\frac{8}{15}$kg、夕食で $2\frac{5}{6}$kg のお米を使いました。 1つ10〔40点〕

❶ あわせてお米を何kg使いましたか。

【式】

答え（　　　）

❷ 夕食では、朝食よりお米を何kg多く使いましたか。

【式】

答え（　　　）

2 ひかるさんは3時間読書しようとしています。夕食前に $\frac{17}{12}$ 時間、夕食後に $\frac{5}{6}$ 時間読書しました。あと何時間読書すると、3時間になりますか。 1つ15〔30点〕

【式】

答え（　　　）

3 $5\frac{3}{4}$m と $3\frac{2}{5}$m のひもをつないで、全体の長さを9mにしました。つなぎめに、ひもを何m使いましたか。 1つ15〔30点〕

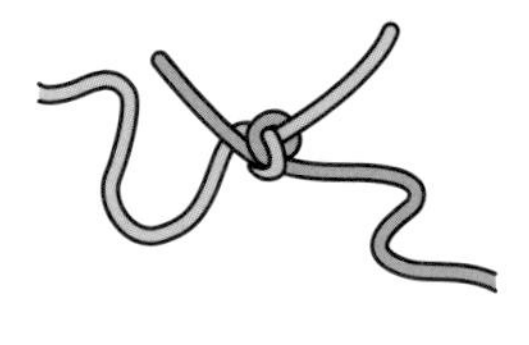

【式】

答え（　　　）

答えは
68ページ

月　日

7 分数のたし算とひき算
分数のたし算とひき算

／100点

1 $\frac{55}{12}$L あった油を、先週は $\frac{9}{4}$L、今週は $\frac{5}{9}$L 使いました。油はあと何L残っていますか。　1つ10〔20点〕

【式】

答え（　　　　）

2 なつみさんはリボンを $\frac{9}{5}$m、妹は $\frac{5}{3}$m もっています。2人でかざりをつくるのでリボンを $\frac{13}{6}$m 使いました。残りのリボンは何m ありますか。　1つ10〔20点〕

【式】

答え（　　　　）

3 長さ9m の布（ぬの）で、姉の服をつくるのに $3\frac{7}{12}$m、妹の服をつくるのに $2\frac{4}{15}$m 使いました。残った布の長さは何m ですか。

【式】　1つ15〔30点〕

答え（　　　　）

4 牛にゅうが $1\frac{3}{4}$L ありました。ゆうたさんが $\frac{3}{10}$L 飲みました。お母さんが $1\frac{4}{5}$L 買ってきました。今、牛にゅうは何L ありますか。

【式】　1つ15〔30点〕

答え（　　　　）

答えは68ページ

月　日

8 分数と小数・整数
分数と小数

／100点

1 次の数を大きい順に左からならべましょう。　1つ10〔30点〕

❶ $\left(1、0.9、\frac{11}{10}\right)$　（　　　　）

❷ $\left(\frac{1}{2}、0.6、\frac{2}{3}\right)$　（　　　　）

❸ $\left(\frac{3}{4}、\frac{5}{6}、0.8\right)$　（　　　　）

2 2Lのジュースを3人で等分すると、1人分は何Lになりますか。　1つ10〔20点〕

【式】

答え（　　　　）

3 16mのリボンを6人で等分すると、1人分は何mになりますか。　1つ10〔20点〕

【式】

答え（　　　　）

4 みさとさんの家から図書館までの道のりは4km、図書館から駅までの道のりは3kmです。図書館から駅までの道のりは、家から図書館までの道のりの何倍ですか。答えを分数と小数で表しましょう。　1つ15〔30点〕

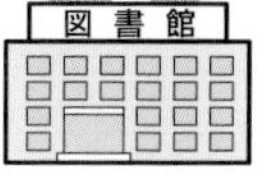

分数（　　　　）　小数（　　　　）

答えは68ページ

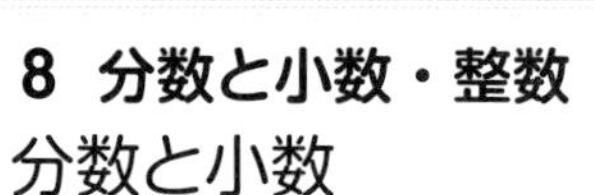

月　日

8 分数と小数・整数

分数と小数

1 分数を使って表しましょう。 1つ10〔30点〕

❶ 36 分は何時間ですか。 (　　　)

❷ 42 秒は何分ですか。 (　　　)

❸ 200 分は何時間ですか。 (　　　)

2 次の数はどちらが大きいですか。不等号（ふとうごう）を使って表しましょう。 1つ10〔20点〕

❶ $\frac{3}{7}$、0.4 (　　　)　❷ $\frac{9}{13}$、0.7 (　　　)

3 次の分数を 3 つのなかまに分けましょう。 1つ10〔30点〕

$\frac{4}{3}$　$\frac{11}{2}$　$3\frac{3}{4}$　$\frac{6}{3}$　$\frac{8}{2}$　$\frac{7}{10}$　$1\frac{1}{6}$　$\frac{5}{8}$　$\frac{2}{9}$

㋐ 整数で表すことができる。 (　　　)

㋑ きちんとした小数で表すことができる。 (　　　)

㋒ きちんとした小数で表すことができない。 (　　　)

4 $\frac{5}{6}$L あったジュースを 0.3L 飲みました。ジュースはあと何L 残っていますか。 1つ10〔20点〕

【式】

答え (　　　)

答えは 69ページ

月　日

9 平均と単位量あたりの大きさ
平均

1 右の表は、しょうたさんが買ってきたみかん8個(こ)の重さを表したものです。　1つ10〔40点〕

130g、135g、
123g、117g、
120g、128g、
122g、125g

❶ みかん8個の重さは、合計で何gですか。

【式】

答え（　　　）

❷ みかん1個の重さの平均(へいきん)は何gですか。

【式】

答え（　　　）

2 あやのさんは国語80点、算数70点、理科55点、社会65点をとりました。4教科の平均点は何点になりますか。　1つ15〔30点〕

【式】

答え（　　　）

3 下の表は、たくやさんが先週飲んだ牛にゅうの量です。1日平均何dL飲みましたか。　1つ15〔30点〕

月	火	水	木	金	土	日
2.1 dL	1.9 dL	1.6 dL	1.6 dL	1.9 dL	2.1 dL	2.1 dL

【式】

答え（　　　）

答えは
69ページ

9 平均と単位量あたりの大きさ
平均

／100点

1 まさとさんの家でとれるりんごの重さは、1個平均240gです。このりんご20個の重さはおよそ何kgになりますか。

【式】

1つ10〔20点〕

答え（　　　）

2 テストが3回ありました。その成績は、下の表のとおりです。2回めがよごれて見えません。2回めの点数は何点ですか。

回	1	2	3	平均点
点数	85	[illegible]	91	87

【式】

1つ10〔20点〕

答え（　　　）

3 みのりさんはテストを5回受けました。4回めまでの平均点は85点です。5回めは75点でした。5回の平均点は何点になりますか。

1つ15〔30点〕

【式】

答え（　　　）

4 ゆうさんはテストを4回受けました。その平均点は70点です。あと1回テストがありますが、5回のテストの平均点を75点にしたいと思います。5回めは何点とればよいですか。

1つ15〔30点〕

【式】

答え（　　　）

答えは69ページ

9 平均と単位量あたりの大きさ
単位量あたりの大きさ

／100点

1 Aのみかんは5個で400円、Bのみかんは8個で720円です。1個あたりのねだんは、どちらのほうがいくら安いですか。 1つ15〔30点〕

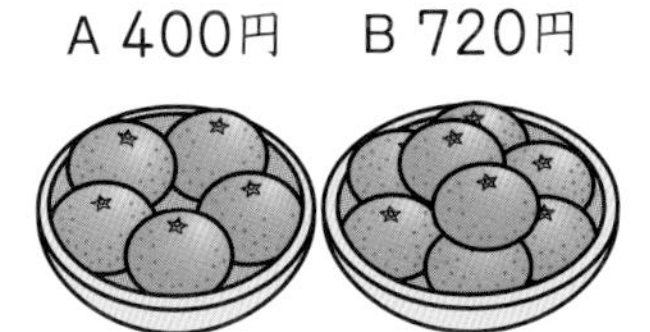

【式】

答え（　　　　　　　　　　）

2 次の（　　）にあてはまる単位やことばを書きましょう。 1つ5〔10点〕

1（　　　　　）あたりの（　　　　　）を、人口密度といいます。

3 右の表は、同じ太さの鉄と銅のぼうの長さと重さを表したものです。2つの金属を、次の2通りの方法で比べましょう。 1つ15〔60点〕

	長さ(cm)	重さ(g)
鉄	30	236
銅	32	286

❶ 1cmあたりの重さで比べると、どちらが重いですか。

【式】

答え（　　　　　）

❷ 1gあたりの長さで比べると、どちらが長いですか。

【式】

答え（　　　　　）

答えは
69ページ

月　日

9 平均と単位量あたりの大きさ
単位量あたりの大きさ

／100点

1 A（エー）の自動車は45Lのガソリンで900km走り、B（ビー）の自動車は25Lのガソリンで400km走ります。1Lあたりに走る道のりは、どちらの自動車がどれだけ長いですか。　1つ15〔30点〕

【式】

答え（　　　　　　　　）

2 A市とB市の人口と面積は、右のようになっています。　1つ10〔50点〕

人口と面積

	人口（人）	面積（km^2）
A市	238751	86
B市	296443	120

❶ A市とB市の人口密度（じんこうみつど）はおよそ何人ですか。四捨五入（ししゃごにゅう）して上から2けたのがい数で求めましょう。

（A市）【式】

答え（　　　　）

（B市）【式】

答え（　　　　）

❷ A市とB市では、どちらのほうがこんでいますか。

（　　　　　　　　）

3 まりえさんのいる県の人口密度は約370人です。面積は約4100km^2です。まりえさんのいる県の人口はおよそ何人ですか。上から2けたのがい数で求めましょう。　1つ10〔20点〕

【式】

答え（　　　　）

答えは
69ページ

月　日

10 速　さ
速さや道のりを求める問題

／100点

1 A(エー)の自動車は20分間で30km走り、B(ビー)の自動車は15分間で24km走りました。どちらの自動車のほうが速く走りましたか。　1つ15〔30点〕

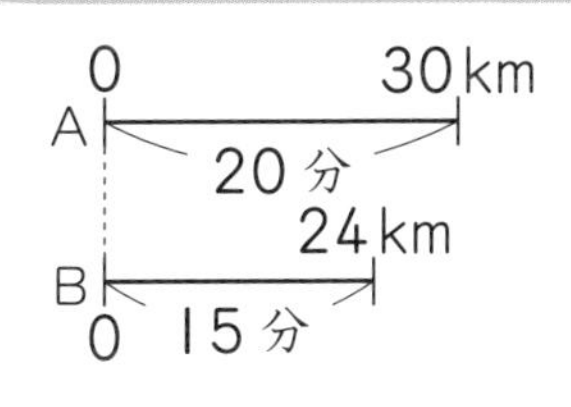

【式】

答え（　　　）

2 5分間で650m走った自転車は、1分あたり何m走りましたか。　1つ10〔20点〕

【式】

答え（　　　）

3 40分間で2.5km進む速さで歩くと、1km歩くのに何分かかりますか。　1つ10〔20点〕

【式】

答え（　　　）

4 20kmを16分で走る列車があります。この列車の速さは分速何kmですか。　1つ15〔30点〕

【式】

答え（　　　）

答えは
69ページ

10 速　さ
速さや道のりを求める問題

1 15分間に3300m走る自転車は、1分あたり何m走りますか。

【式】　　1つ10〔20点〕

答え（　　　　）

2 30秒間に2250m走る新幹線ひかり号の速さは、秒速何mですか。

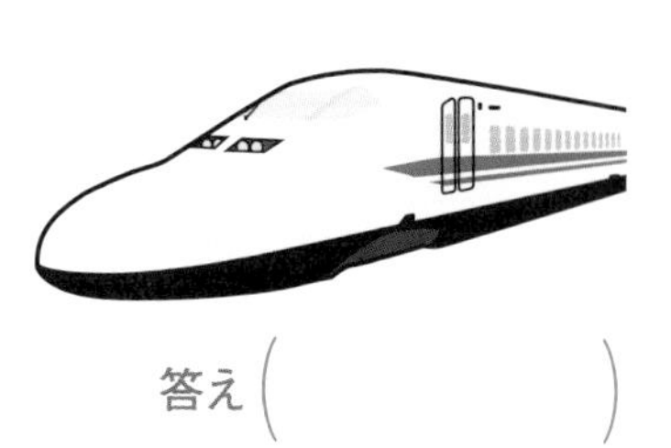

【式】　　1つ10〔20点〕

答え（　　　　）

3 時速80kmで特急列車が走っています。3.5時間で進む道のりは何kmですか。　　1つ10〔20点〕

【式】

答え（　　　　）

4 20分間で12km走るトラックがあります。

1つ10〔40点〕

❶ このトラックの速さは、分速何mですか。

【式】

答え（　　　　）

❷ このトラックが45分間で走る道のりは何kmですか。

【式】

答え（　　　　）

答えは
69ページ

10 速 さ
時間を求める問題、速さの問題

／100点

1 自動車で120kmの道のりを時速40kmで走りました。走った時間はどれだけですか。 1つ10〔20点〕

【式】

答え（　　　　）

2 ゆうかさんは、35分間に2100m進む速さで歩いています。 1つ10〔40点〕

❶ ゆうかさんは、分速何mで歩いていますか。

【式】

答え（　　　　）

❷ その速さで3000m進むのに、何分かかりますか。

【式】

答え（　　　　）

3 家から学校までは道のりが840mあります。あきさんは学校から家に向かって分速60mで、お母さんは家から学校に向かって分速80mで、同時に出発して歩きます。 1つ10〔40点〕

❶ あきさんとお母さんは、1分間で何m近づきますか。

【式】

答え（　　　　）

❷ あきさんとお母さんは、何分後に出会いますか。

【式】

答え（　　　　）

答えは70ページ

月　日

10 速　さ
時間を求める問題、速さの問題

／100点

1 あゆみさんは、分速180mで走っています。　1つ10〔40点〕

❶ あゆみさんは、秒速何mで走っていますか。

【式】

答え（　　　　）

❷ その速さで300m走るのに、何分何秒かかりますか。

【式】

答え（　　　　）

2 A（エー）地点を分速100mで弟が出発し、6分後に兄が分速250mの自転車で追いかけました。　1つ10〔60点〕

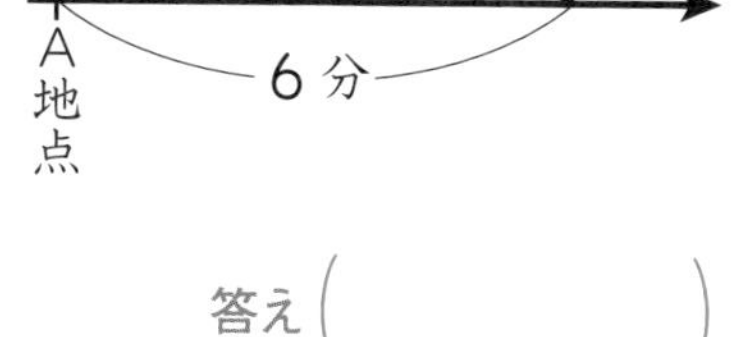

❶ 兄が出発したとき、弟は何m進んでいましたか。

【式】

答え（　　　　）

❷ 兄は弟に何分後に追いつきますか。

【式】

答え（　　　　）

❸ 追いついた地点は、A地点より何mはなれたところですか。

【式】

答え（　　　　）

答えは
70ページ

11 図形の面積
四角形・三角形の面積

1 面積が 96 cm² の平行四辺形があります。高さは 8 cm です。底辺の長さは何 cm ですか。　1つ10〔20点〕

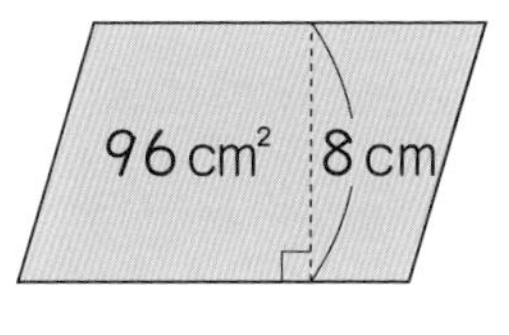

【式】

答え（　　　　　）

2 右のような形をした花だんがあります。この花だんの面積は何 m² ですか。　1つ10〔20点〕

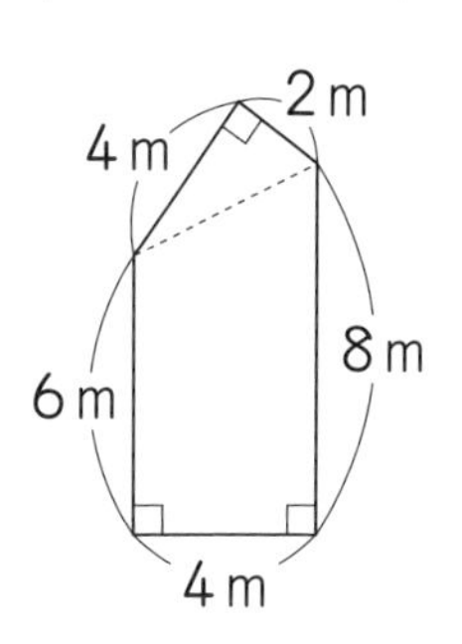

【式】

答え（　　　　　）

3 次の図の □ の部分の面積は何 cm² ですか。　1つ15〔60点〕

❶

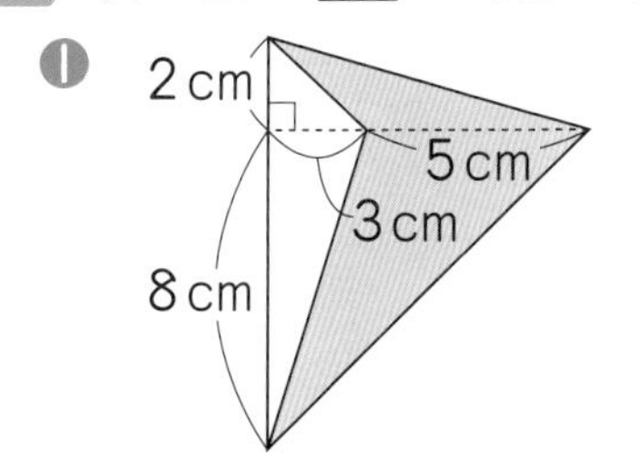

【式】

答え（　　　　　）

❷

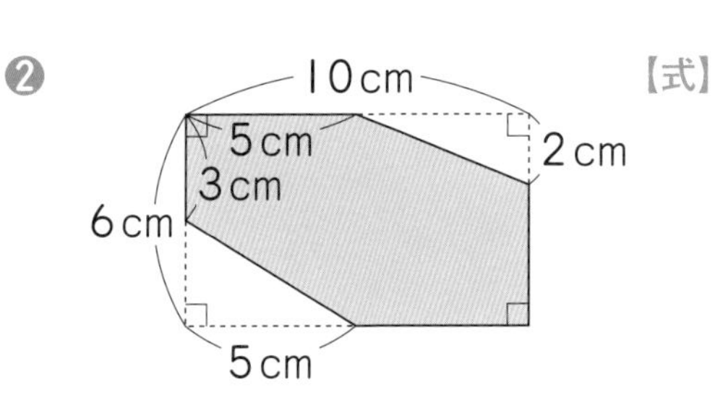

【式】

答え（　　　　　）

答えは
70ページ

月　日

11 図形の面積
四角形・三角形の面積

／100点

1 面積が $14\,cm^2$ の三角形があります。底辺の長さは 7 cm です。高さは何 cm ですか。　1つ10〔20点〕

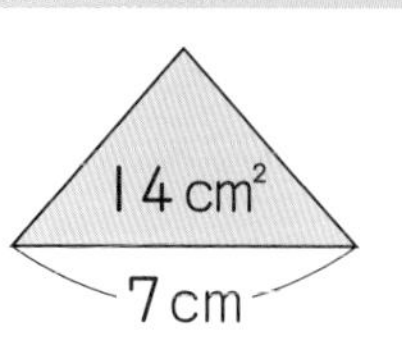

【式】

答え（　　　　）

2 たて 16 m、横 27 m の土地の一部を売りました。□の部分が残った土地です。残った土地の面積は何 m^2 ですか。

【式】　1つ10〔20点〕

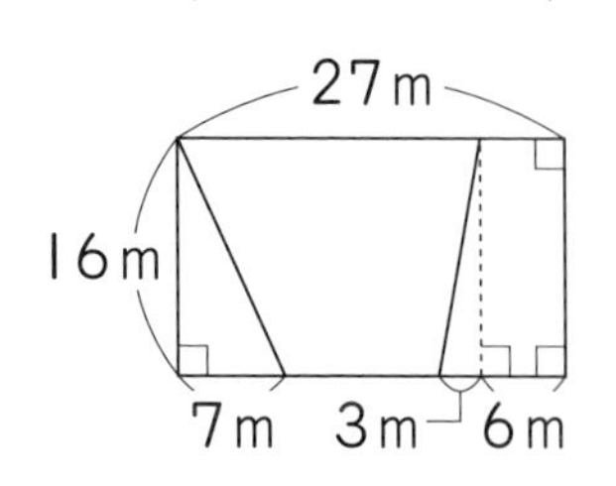

答え（　　　　）

3 次の図の□の部分の面積は何 m^2 ですか。　1つ15〔60点〕

❶

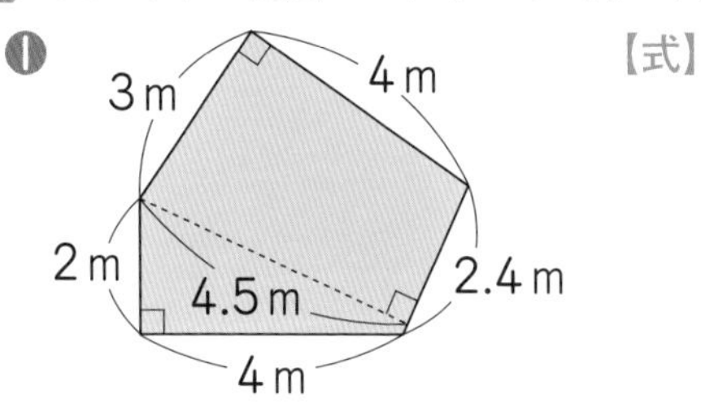

【式】

答え（　　　　）

❷

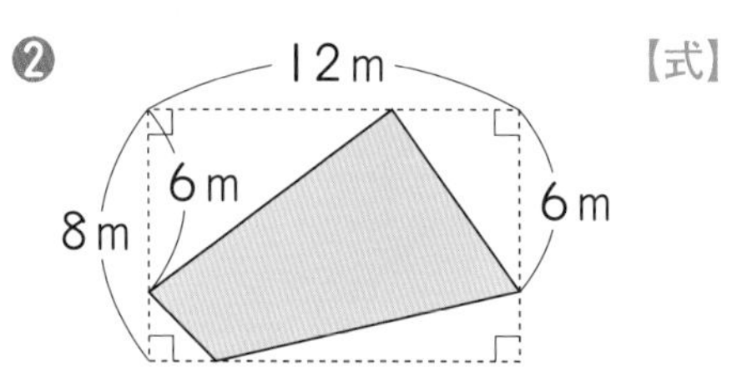

【式】

答え（　　　　）

答えは70ページ

12 割　合
割合・百分率・歩合

／100点

1 たつやさんとゆうきさんが玉当てをしました。右の表はその結果をまとめたものです。玉をよく当てたのはどちらですか。

	投げた数	当てた数
たつや	20 こ	17 こ
ゆうき	25 こ	20 こ

1つ10〔20点〕

【式】

答え（　　　　）

2 定価(ていか)760円のハンカチを152円値(ね)引(び)きして売っています。定価をもとにした値引きの割合(わりあい)を百分率(ひゃくぶんりつ)で表しましょう。

【式】　　1つ10〔20点〕

答え（　　　　）

3 たけしさんのクラスは36人です。そのうち理科クラブに入っている人は9人です。理科クラブに入っている人の割合を小数と百分率で表しましょう。　1つ10〔30点〕

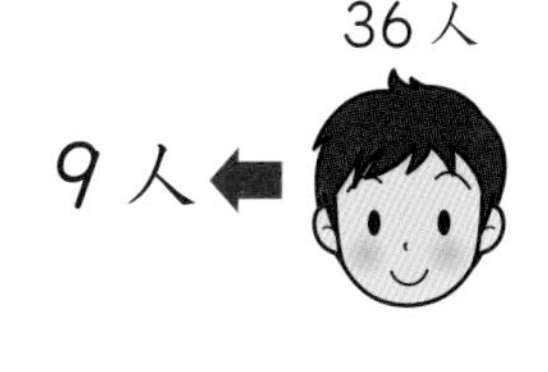

【式】

答え 小数（　　　　）　百分率（　　　　）

4 はじめに持っていた400円のうち、買い物で208円を使いました。使った金額(きんがく)の割合を小数と歩合(ぶあい)で表しましょう。　1つ10〔30点〕

【式】

答え 小数（　　　　）　歩合（　　　　）

答えは70ページ

月　日

12 割　合
割合・百分率・歩合

／100点

1 定員が120人の電車に156人が乗っています。乗車率（じょうしゃりつ）を小数と百分率で表しましょう。　1つ10〔30点〕

【式】

答え（小数　　）（百分率　　）

2 ひろしさんの学校の5年生は75人です。そのうち自転車に乗れる人は54人です。乗れる人は5年生全体の何％になりますか。　1つ10〔20点〕

【式】

答え（　　）

3 あきなさんの学校の全体の人数は200人です。そのうち音楽クラブに入っている人は35人います。音楽クラブに入っている人は、全体の人数の何％になりますか。　1つ10〔20点〕

【式】

答え（　　）

4 あゆみさんは、150ページの本のうち78ページを読みました。読んでいないページの割合（わりあい）を小数と歩合（ぶあい）で表しましょう。　1つ10〔30点〕

【式】

答え（小数　　）（歩合　　）

答えは70ページ

月　日

12 割　合
比べられる量・もとにする量

／100点

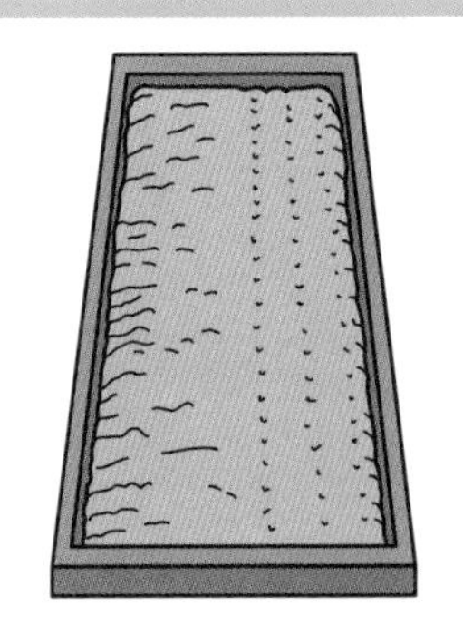

1 まりえさんの家の花だんは 12 ㎡ あります。そのうちの 60% の場所に種をまきました。種をまいた部分の面積は何 ㎡ ですか。

1つ10〔20点〕

【式】

答え（　　　　）

2 420g のさとう水があります。このさとう水の中にさとうは 5% ふくまれています。さとう水に入っているさとうは何 g ですか。

1つ10〔20点〕

【式】

答え（　　　　）

3 なおきさんは運動ぐつを買いに行きました。お店の人が定価(ていか)より 15% 安くしてくれました。安くしてくれた金額(きんがく)は 360 円です。この運動ぐつの定価はいくらでしたか。

1つ15〔30点〕

【式】

答え（　　　　）

4 ななみさんの学校では、今日 15 人が休んでいます。これは学校全体の人数の 6% になります。ななみさんの学校全体の人数は何人ですか。

1つ15〔30点〕

【式】

答え（　　　　）

答えは
70ページ

月　日

12 割　合
比べられる量・もとにする量

／100点

1 ひとしさんの学校の5年生は140人です。そのうち虫歯のある人の割合(わりあい)は35％です。5年生で虫歯のある人は何人いますか。　1つ10〔20点〕

【式】

答え(　　　　)

2 ひかるさんは160ページある本の75％を読みました。はるかさんは同じ本をまだ35ページ残しています。どちらが何ページ多く読みましたか。　1つ15〔30点〕

【式】

答え(　　　　)

3 家から公園まで行くのに、今までに1.56km歩きました。これは家から公園までの道のりの65％になります。家から公園までは何kmありますか。　1つ10〔20点〕

【式】

答え(　　　　)

4 あきらさんは水とうを買いました。定価(ていか)の1割(わり)5分(ぶ)引きで2380円でした。この水とうの定価はいくらですか。　1つ15〔30点〕

【式】

答え(　　　　)

答えは70ページ

12 割 合
帯グラフ・円グラフ

／100点

1 右の表は、学級文庫の本の数を調べたものです。

種　類	数(さつ)	割合(%)
物　語	50	㋐
科　学	㋑	15
歴　史	90	㋒
図かん	㋓	10
その他	10	5
合　計	200	100

❶ 右の表の㋐〜㋓にあてはまる数を書きましょう。 1つ10〔40点〕

㋐（　　　）㋑（　　　）

㋒（　　　）㋓（　　　）

❷ 上の表をもとに帯グラフに表しましょう。 〔20点〕

学級文庫の本調べ

0 10 20 30 40 50 60 70 80 90 100%

❸ 上の表をもとに円グラフに表しましょう。 〔20点〕

学級文庫の本調べ

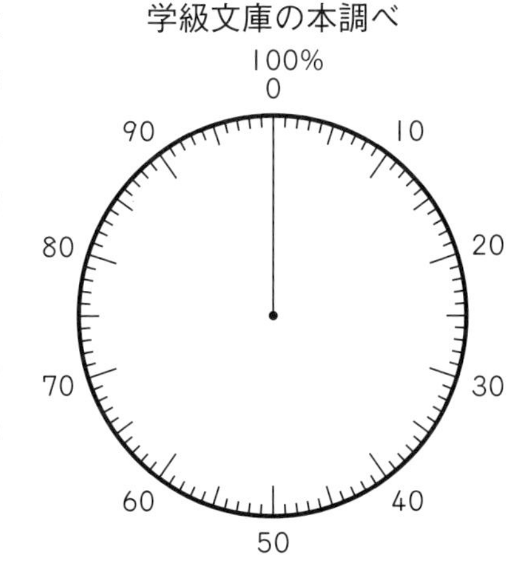

❹ 物語の割合は、全体の何分の一ですか。 〔10点〕

（　　　）

❺ 科学の割合は、歴史の割合の何分の一ですか。 〔10点〕

（　　　）

答えは
71ページ

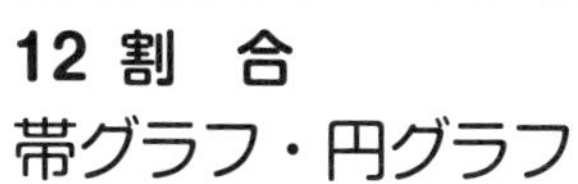

12 割 合
帯グラフ・円グラフ

月　日

／100点

1 下の帯グラフは、大豆（だいず）にふくまれる成分の重さの割合（わりあい）を表したものです。　1つ15〔45点〕

大豆の成分の重さの割合

たんぱく質	でんぷん	しぼう	水	その他

0　10　20　30　40　50　60　70　80　90　100%

❶ たんぱく質の割合は、全体の何％ですか。　（　　　　）

❷ たんぱく質は、しぼうの何倍ですか。　（　　　　）

❸ 大豆 300g にふくまれるでんぷんの重さは、何gですか。　（　　　　）

2 下の円グラフは、ある市の土地利用のようすを表したものです。

❶ 次の面積の割合は、全体の何％ですか。　1つ10〔30点〕

㋐ 住たく　（　　　　）

㋑ 森林　（　　　　）

㋒ 工業用地　（　　　　）

ある市の土地利用の割合

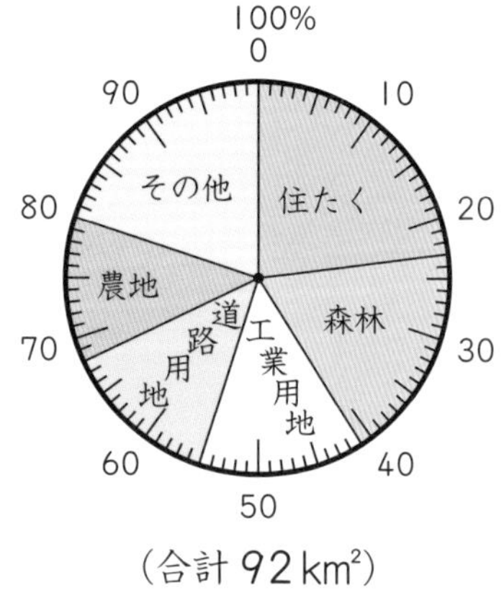

（合計 92 km^2）

❷ 農地は、住宅のおよそ何分の一ですか。　〔10点〕

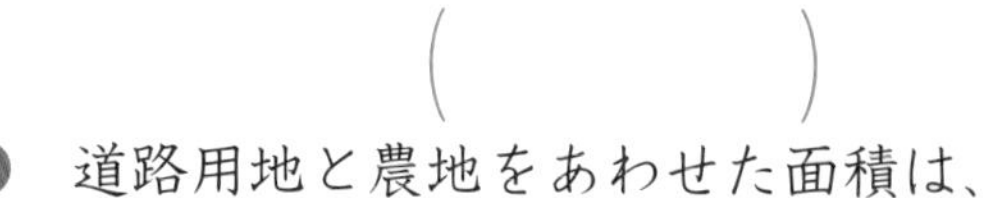

（　　　　）

❸ 道路用地と農地をあわせた面積は、何 km^2 ですか。　〔15点〕　（　　　　）

答えは 71ページ

月　日

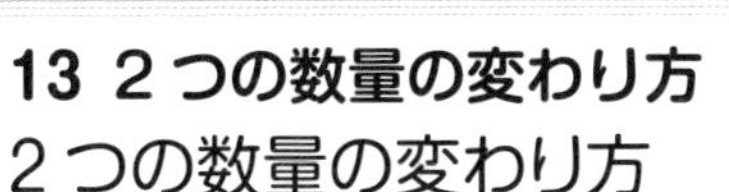

13 2つの数量の変わり方
2つの数量の変わり方

／100点

1 下の表は、ゆうかさんが100円で買い物をするときの代金□円と残りの金額(きんがく)△円の関係を表したものです。　1つ10〔40点〕

代金　□(円)	5	10	15	20	㋑	30	㋒	…	95	100
残りの金額　△(円)	95	90	㋐	80	75	70	65	…	5	0

❶ 上の表の㋐～㋒にあてはまる数を書きましょう。

㋐(　　　)　㋑(　　　)　㋒(　　　)

❷ 代金□円と残りの金額△円の関係をたし算の式で表しましょう。

(　　　　　)

2 下の表は、たてが6cmの長方形の横の長さ□cmと面積△cm²の関係を表したものです。　1つ12〔60点〕

横の長さ　□(cm)	1	2	3	4	5	
面積　△(cm²)	6	㋐	㋑	24	㋒	

6cm　…　0 1 2 3 4 5

❶ 上の表の㋐～㋒にあてはまる数を書きましょう。

㋐(　　　)　㋑(　　　)　㋒(　　　)

❷ 横の長さを□cmとして、そのときの面積△cm²を求める式を書きましょう。

(　　　　　)

❸ 横の長さが2倍、3倍、…になると、面積はどう変わりますか。

(　　　　　)

答えは
71ページ

月　日

13 2つの数量の変わり方
2つの数量の変わり方

／100点

1 下の表は、面積が40 cm^2 の平行四辺形の底辺□cmと高さ△cmの関係を表したものです。　1つ10〔40点〕

❶ 右の表の㋐～㋒にあてはまる数を書きましょう。

底辺 □(cm)	1	2	4	㋑	20	㋒
高さ △(cm)	40	20	㋐	4	2	1

㋐(　　　　)　㋑(　　　　)　㋒(　　　　)

❷ 底辺□cmと高さ△cmの関係をかけ算の式で表しましょう。

(　　　　)

2 右の図のように、直方体のたてと横の長さを変えないで、高さを1cm、2cm、…と変えていきます。　1つ12〔60点〕

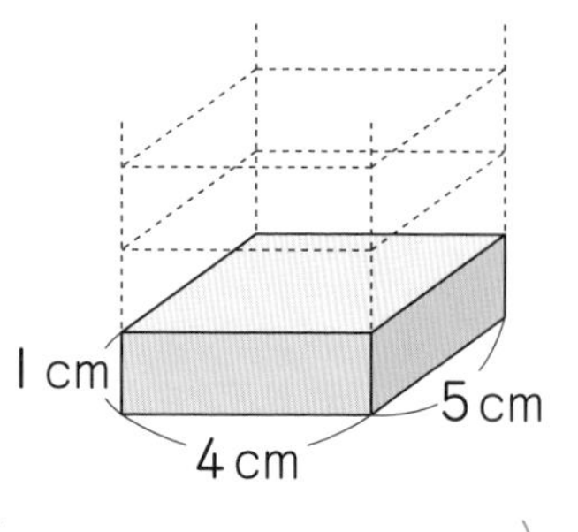

❶ 高さを□cm、そのときの体積を△ cm^3 として、体積を求める式を書きましょう。

(　　　　)

❷ 右の表の㋐～㋒にあてはまる数を書きましょう。

高さ □(cm)	1	2	3	4	5	
体積 △(cm^3)	㋐	40	㋑	㋒	100	

㋐(　　　　)　㋑(　　　　)　㋒(　　　　)

❸ 高さを2倍、3倍、…にすると、体積はどう変わりますか。

(　　　　)

答えは
71ページ

月　日

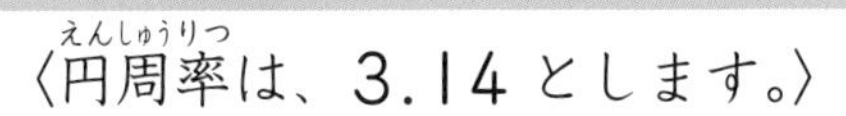

14 円
円周の長さ

／100点

〈円周率（えんしゅうりつ）は、3.14 とします。〉

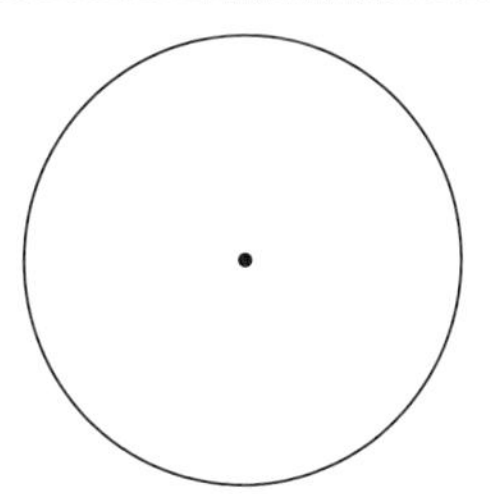

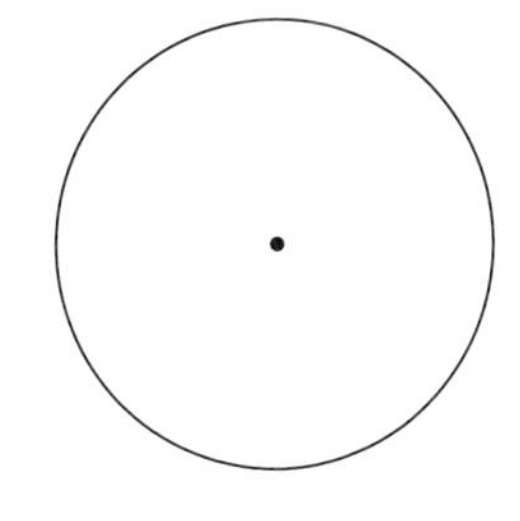

1 右の図は直径 3 cm の円です。この円の中心のまわりの角を 45° ずつに区切って、正八角形をかきましょう。　〔20点〕

2 次の長さを求めましょう。　1つ15〔60点〕

❶ 直径 4.5 cm の円の円周

（　　　）

❷ 半径 5 cm の円の円周

（　　　）

❸ 円周 125.6 cm の円の直径

（　　　）

❹ 円周 628 cm の円の半径

（　　　）

3 右の図のように、半径が 20 cm の円のまわりに半径が 1 cm 長い円をかきました。大きい円の円周の長さは、小さい円の円周の長さより何 cm 長いですか。　1つ10〔20点〕

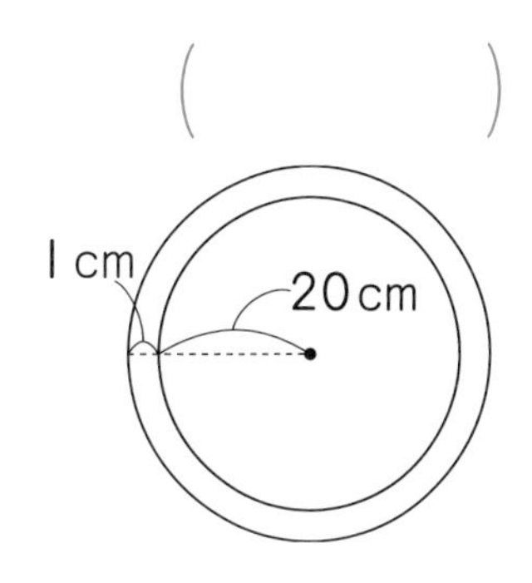

【式】

答え（　　　）

答えは 71ページ

月　日

14 円
円周の長さ

／100点

1 右の図は、円の中心のまわりの角を5等分して正五角形をかいたものです。㋐の角度は何度ですか。　1つ10〔20点〕

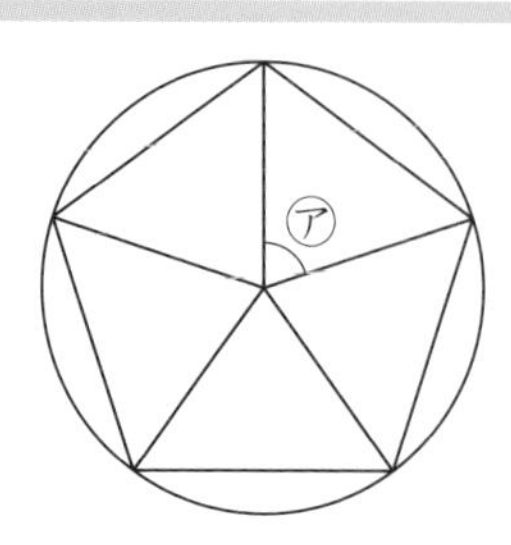

【式】

答え（　　　　）

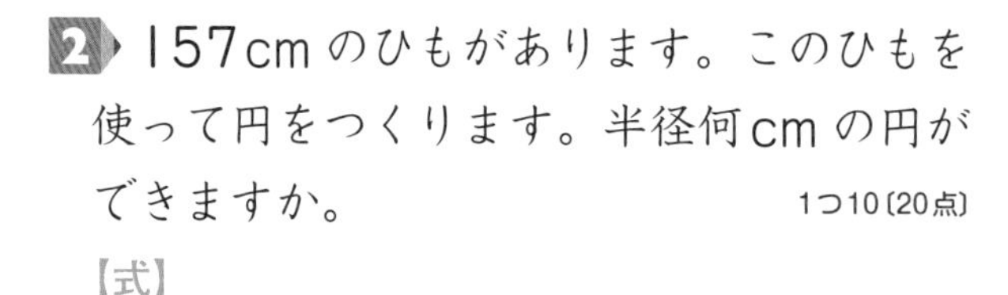

2 157cmのひもがあります。このひもを使って円をつくります。半径何cmの円ができますか。　1つ10〔20点〕

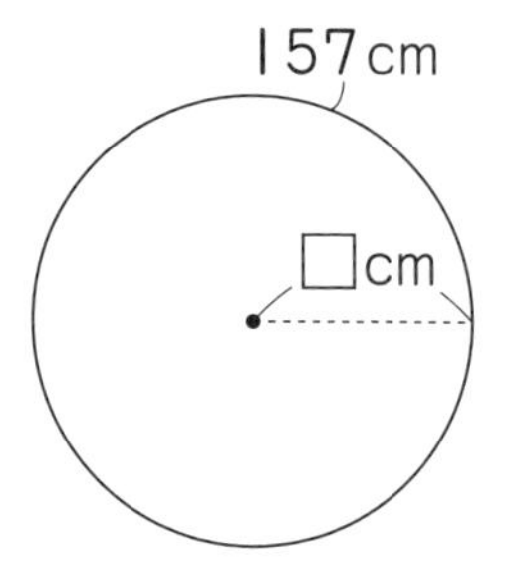

【式】

答え（　　　　）

3 右の図のような半円の形をした花だんがあります。この花だんのまわりの長さは何mですか。　1つ15〔30点〕

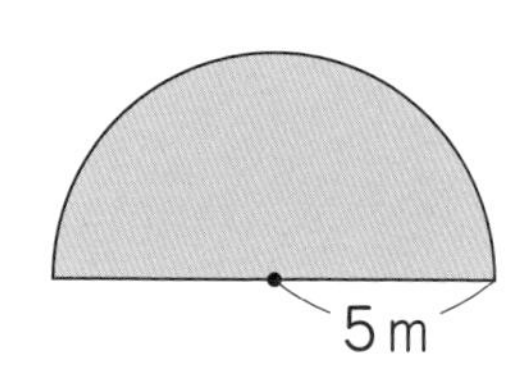

【式】

答え（　　　　）

4 右の図の▭の部分のまわりの長さを求めましょう。　1つ15〔30点〕

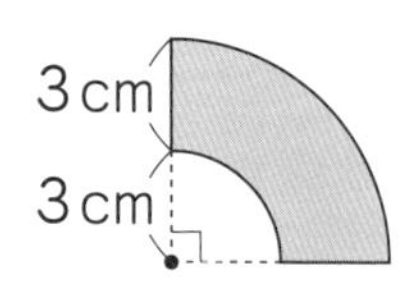

【式】

答え（　　　　）

答えは
71ページ

10分

15 角柱と円柱
見取図

／100点

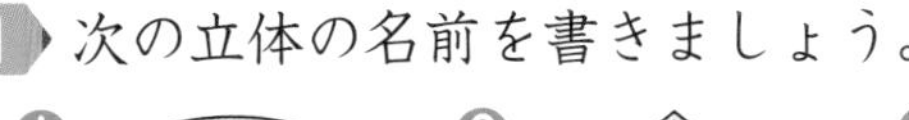

1 次の立体の名前を書きましょう。　1つ10〔40点〕

❶ 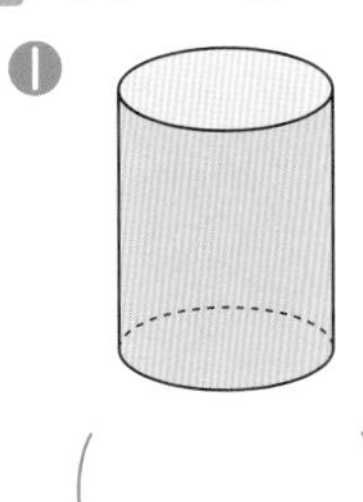　❷ 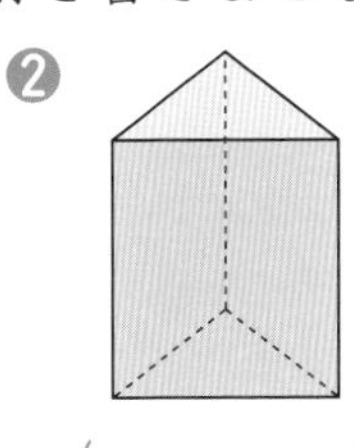　❸ 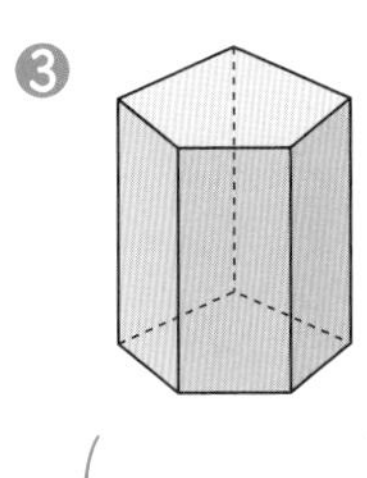　❹ 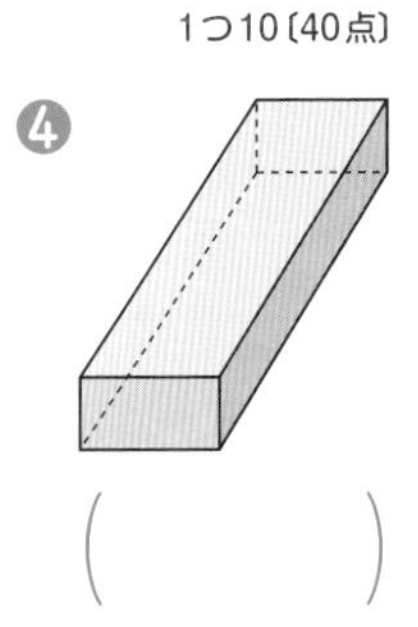

（　　　）（　　　）（　　　）（　　　）

2 右の図を見て、❶～❹の名前を書きましょう。　1つ5〔20点〕

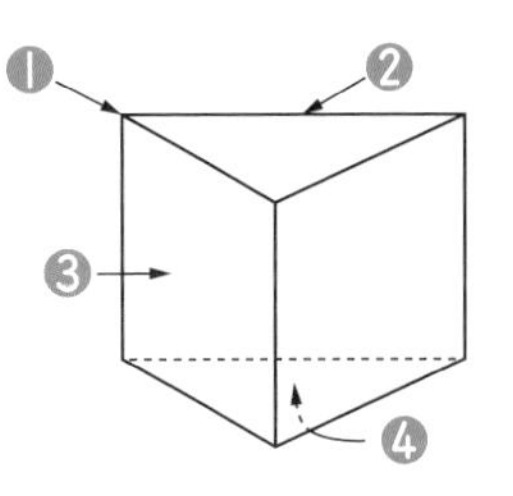

❶（　　　）❷（　　　）

❸（　　　）❹（　　　）

3 下の（　　）の中にあてはまる数やことばを書きましょう。　1つ10〔40点〕

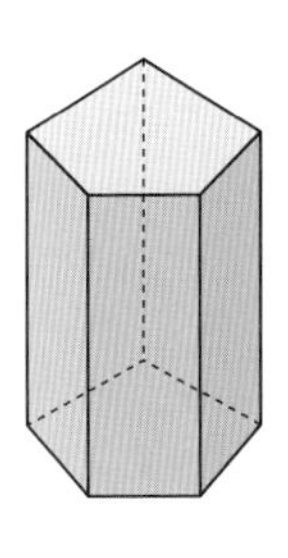

❶ 角柱の側面の形は、（　　　　）です。

❷ 角柱の２つの底面は、合同な多角形で、（　　　　）になっています。

❸ 角柱の底面と側面は、（　　　　）に交わっています。

❹ 角柱の１つの頂点（ちょうてん）には、（　　　　）つの辺が集まっています。

答えは 71ページ

月　日

15 角柱と円柱
見取図

／100点

1 次の表にあてはまる数を書きましょう。　1つ6〔54点〕

	面の数	辺の数	頂点(ちょうてん)の数
四角柱			
五角柱			
六角柱			

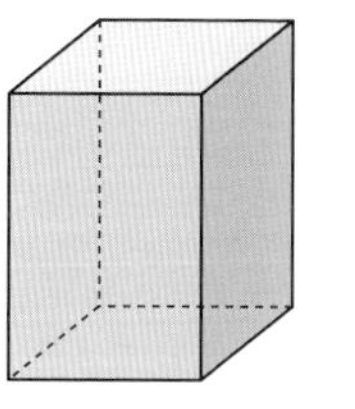
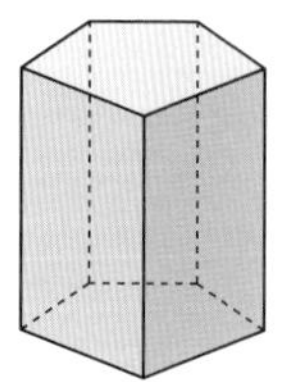

2 次の(　　)にあてはまることばを書きましょう。　1つ9〔36点〕

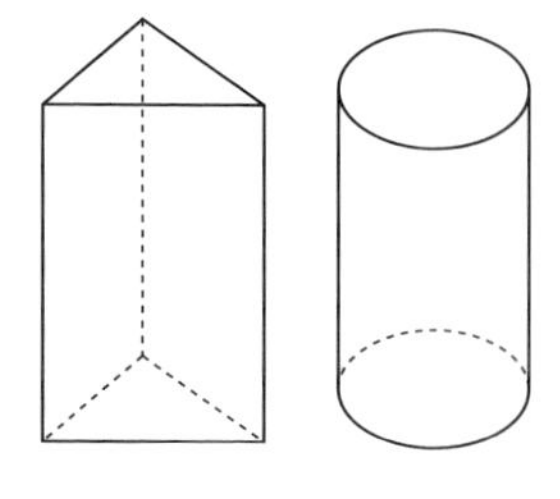

❶ 角柱を１つの側面に平行な面で切ると、切り口の形は(　　　　　)です。

❷ 角柱を底面に平行な面で切ると、切り口の形は(　　　　　)と同じです。

❸ 円柱を底面に垂直(すいちょく)な面で切ると、切り口の形は(　　　　　)です。

❹ 円柱を底面に平行な面で切ると、切り口の形は(　　　　　)です。

3 下の三角柱の展開図(てんかいず)を完成させましょう。　〔10点〕

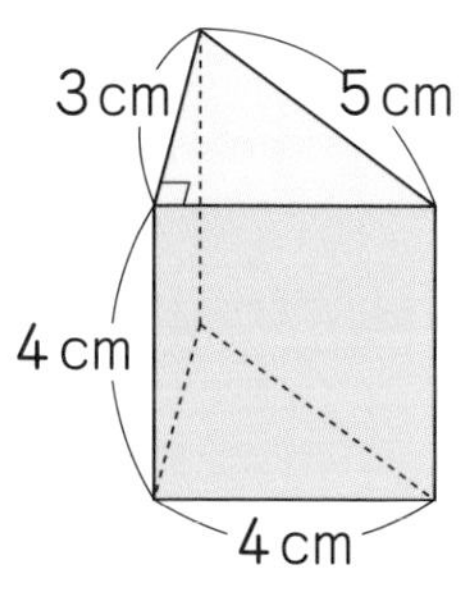

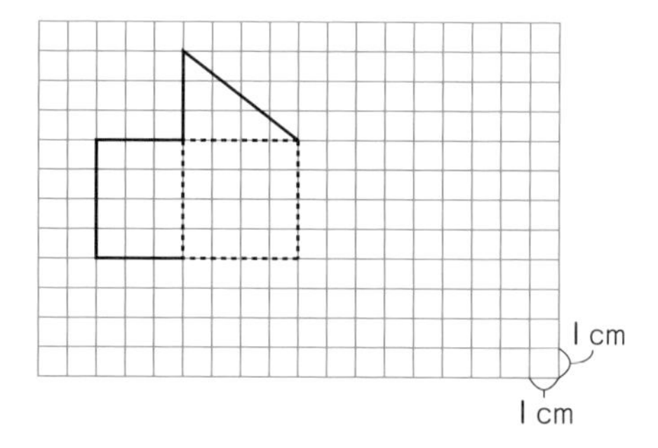

答えは72ページ

月　日

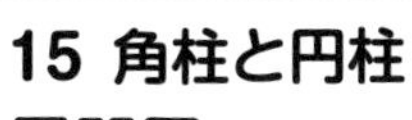
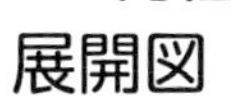

きほん 29

15 角柱と円柱
展開図

／100点

1 下の展開図（てんかいず）を組み立てると、どんな立体ができますか。

1つ10〔40点〕

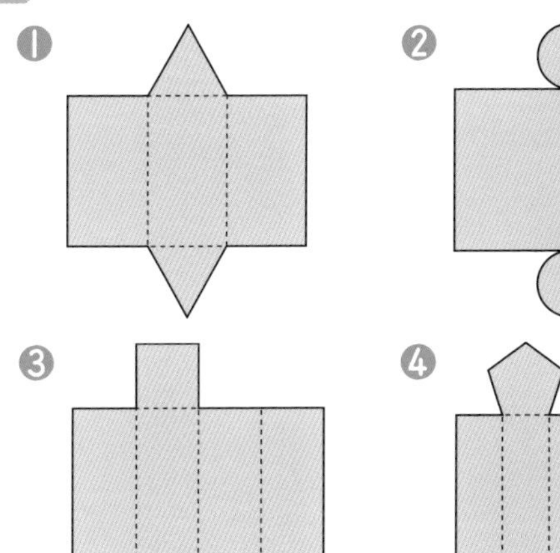

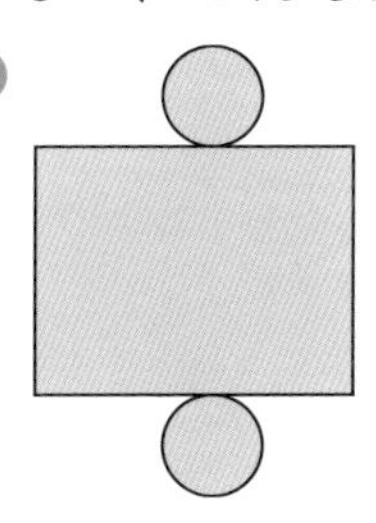

④

❶（　　　　）

❷（　　　　）

❸（　　　　）

❹（　　　　）

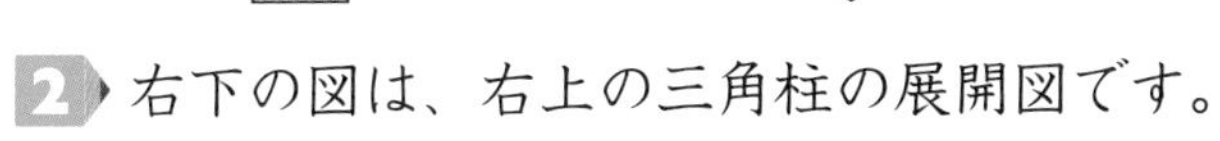

2 右下の図は、右上の三角柱の展開図です。

1つ15〔60点〕

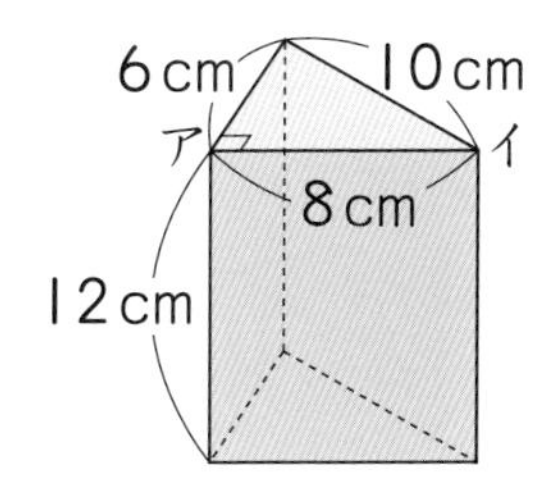

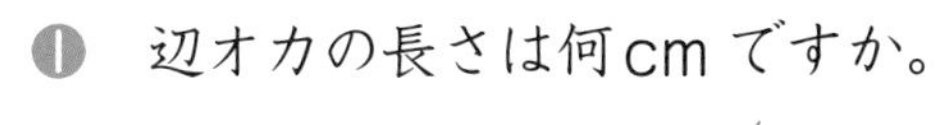

❶ 辺オカの長さは何cmですか。

（　　　　）

❷ 辺ウエの長さは何cmですか。

（　　　　）

❸ 辺エクの長さは何cmですか。

（　　　　）

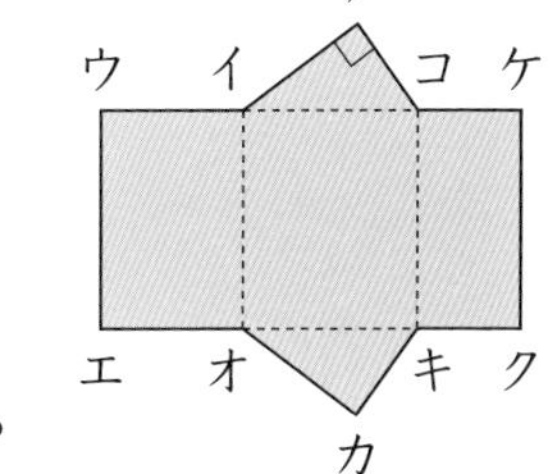

❹ 展開図のまわりの長さは何cmですか。

（　　　　）

答えは72ページ

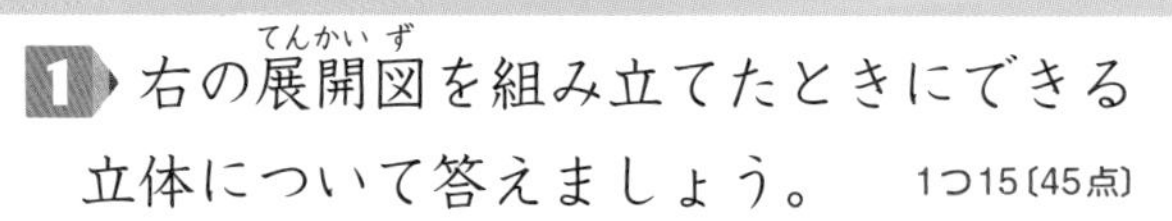

月　日

15 角柱と円柱
展開図

／100点

1 右の展開図を組み立てたときにできる立体について答えましょう。　1つ15〔45点〕

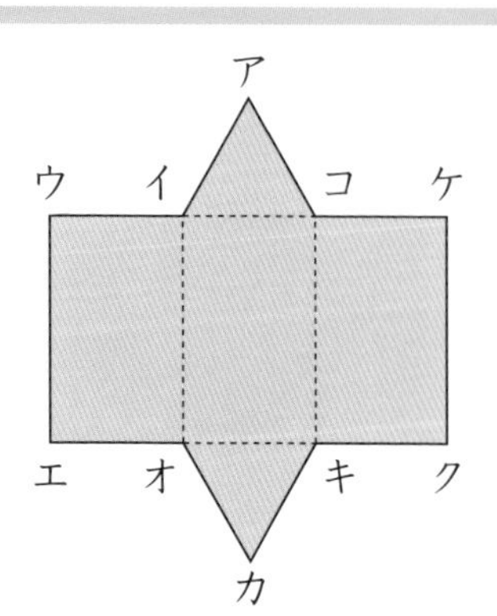

❶ どんな立体ができますか。

（　　　　）

❷ 辺アイと重なる辺はどの辺ですか。

（　　　　）

❸ 頂点アに集まる点を全部答えましょう。

（　　　　）

2 右の図は円柱の展開図です。側面の辺アエの長さは何cmですか。また、四角形アイウエの面積は何cm^2ですか。

【式】　1つ15〔45点〕

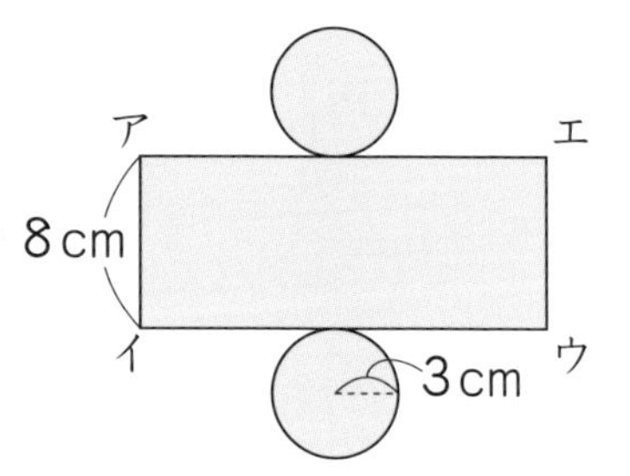

答え（長さ　　　　）（面積　　　　）

3 下の図のように、直方体の頂点アからキまでひもをかけます。ひもの長さがもっとも短くなるような線を、展開図にかきましょう。　〔10点〕

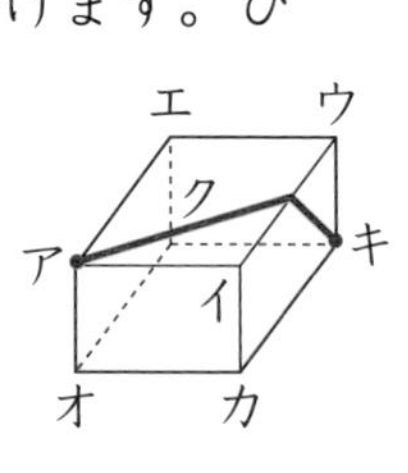

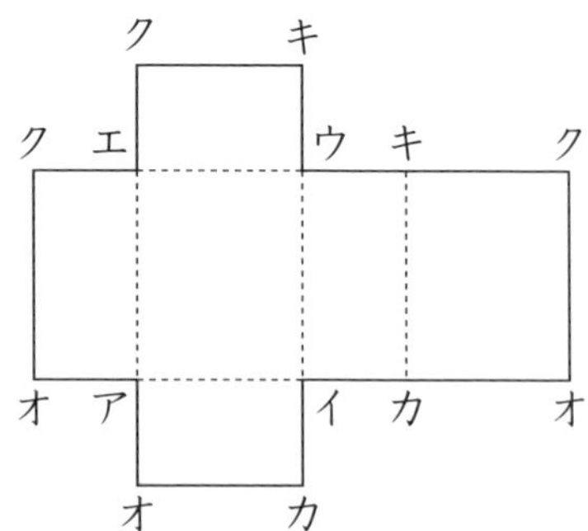

答えは
72ページ

月　日

力だめし ①

／100点

1 右の表は、なみえさんの計算テストの結果です。5回のテストの平均(へいきん)点は何点ですか。　1つ10〔20点〕

回	1	2	3	4	5
点数	79	88	94	92	80

【式】

答え（　　　）

2 みさきさんは8秒ごとにカスタネットをうちます。とおるさんは18秒ごとにうちます。2人が同時にカスタネットをうってから、次に同時にうつのは何秒後ですか。　〔20点〕

（　　　）

3 りえさんは走りはばとびで2.8mとびました。ちなつさんはりえさんの1.2倍とびました。ちなつさんは何mとびましたか。　1つ15〔30点〕

【式】

答え（　　　）

4 80Lの油を1.8L入りのびんにつめかえます。びんは何本いりますか。また、さいごのびんには油は何L入りますか。　1つ15〔30点〕

【式】

答え（　　　）

答えは
72ページ

月　日

力だめし ②

／100点

1 あやさんはリボンを $4\frac{2}{5}$m、りかさんはリボンを $2\frac{5}{8}$m もっています。　1つ10〔40点〕

❶ 2人のリボンをあわせると、何mになりますか。

【式】

答え（　　　　）

❷ あやさんのリボンのほうが何m長いですか。

【式】

答え（　　　　）

2 時速45kmで走る自動車があります。この自動車が6時間走ると何km進みますか。　1つ10〔20点〕

【式】

答え（　　　　）

3 次の図形の面積を求めましょう。　1つ10〔40点〕

❶

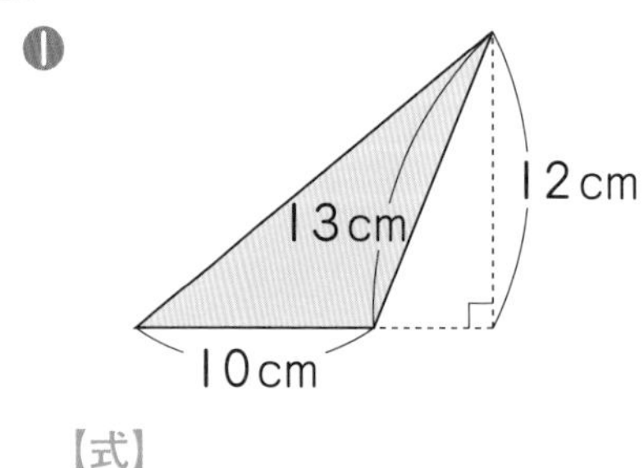

【式】

答え（　　　　）

❷

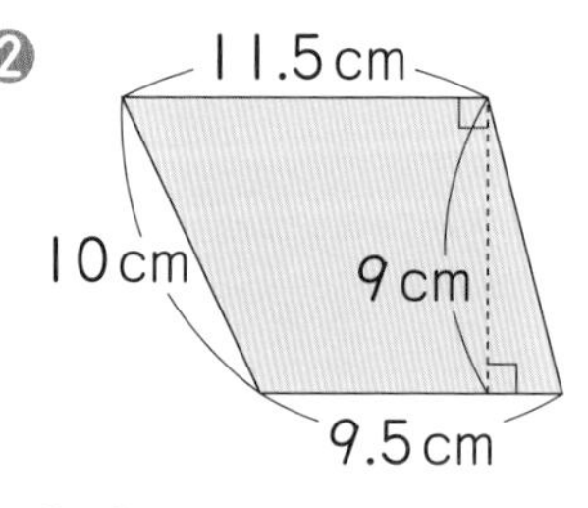

【式】

答え（　　　　）

答えは72ページ

力だめし ③

月　日

／100点

1 次の立体の体積を求めましょう。　1つ10〔40点〕

❶ 直方体

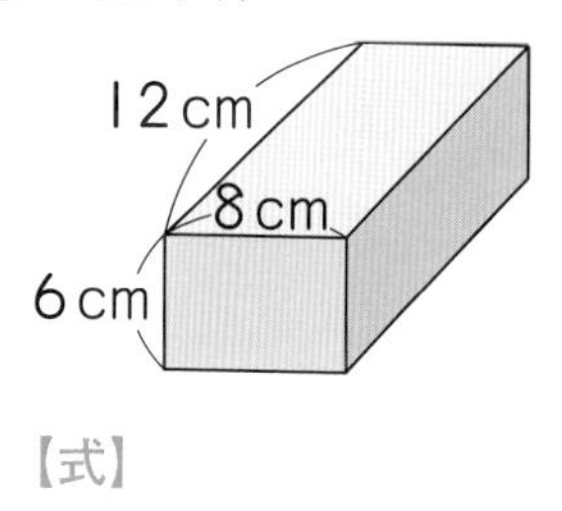

【式】

答え（　　　　）

❷ 立方体

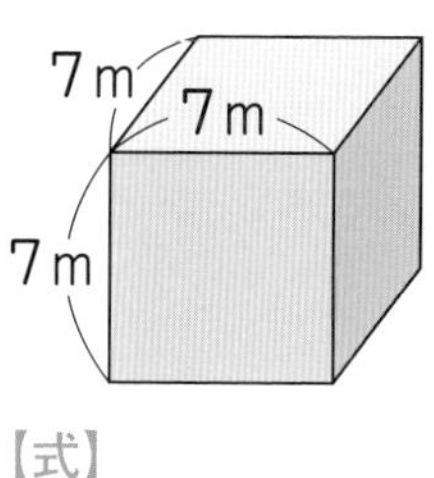

【式】

答え（　　　　）

2 20Lのガソリンで250kmを走る自動車A（エー）と、25Lのガソリンで300kmを走る自動車B（ビー）があります。ガソリン1Lあたりに走る道のりが長いのは、A、Bのどちらの自動車ですか。

【式】　1つ10〔20点〕

答え（　　　　）

3 右のグラフは、みきさんの家の1か月の支出（ししゅつ）です。　1つ10〔40点〕

❶ 次の費用（ひよう）はいくらですか。

食費（　　　　）

教育費（　　　　）

❷ その他は何％で、何円ですか。

（　　　　％）（　　　　円）

100%
0
10
20
30
40
50
60
70
80
90
食費
教育費
光熱費
衣料費
その他

（1か月 250000円）

月　日

力だめし ④

／100点

1 円を使って、正六角形をかきましょう。

〔20点〕

2 下の図のように、平行四辺形とひし形に２本の対角線をひき、それぞれ４つの三角形に分けました。㋐と合同な三角形はどれですか。

1つ15〔30点〕

❶

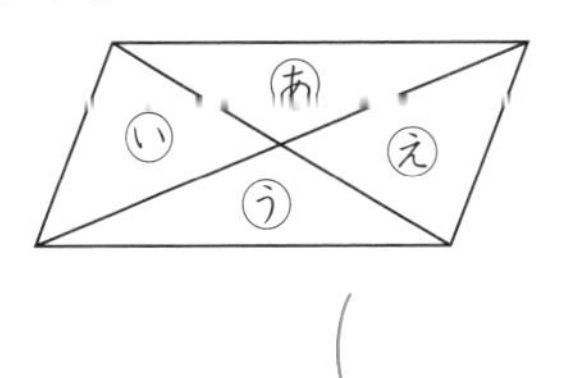

❷

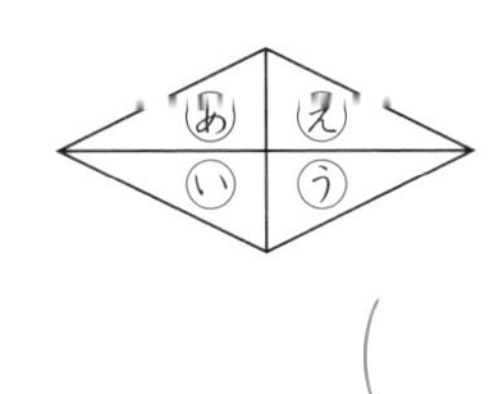

(　　　　)　　(　　　　)

3 次の(　　)にあてはまる数を書きましょう。

1つ6〔30点〕

❶ 六角柱には、側面が(　　　　)あります。

❷ 八角柱には、面が(　　　　)、辺が(　　　　)あります。

❸ 十角柱には、頂点(ちょうてん)が(　　　　)、辺が(　　　　)あります。

4 右の図の▭の部分のまわりの長さを求めましょう。

1つ10〔20点〕

8cm　4cm

【式】

答え(　　　　)

答えは
72ページ

1　3・4ページ

1 ❶ 60 cm³ → $60\,cm^3$　❷ $28\,cm^3$
2 ❶ $1\,cm^3$　❷ $1\,cm^3$
3 ❶ $8\times8\times8=512$　$512\,cm^3$
❷ $12\times20\times8=1920$
$1920\,cm^3$

★ ★ ★

1 ❶ $50\times40\times20=40000$
$40000\,cm^3$
❷ $0.04\,m^3$
2 ❶ 8 cm
❷ $4\times5\times8=160$　$160\,cm^3$
3 ❶ $20\times20\times10-10\times10\times10$
$=3000$　$3000\,cm^3$
❷ $4\times4\times2-1\times1\times2$
$=30$　$30\,m^3$

2　5・6ページ

1 ❶ $20\times20\times20=8000$
$8000\,cm^3$
❷ 8L
2 $12\times25\times1=300$　$300\,m^3$
3 $60\times90\times55=297000$
$297000\,cm^3$
4 $15\times20\times5=1500$
$1500\,cm^3$

★ ★ ★

1 $60000\div(60\times50)=20$
20 cm
2 $(12-2)\times(22-2)\times(11-1)$
$=2000$　$2000\,cm^3$
3 ❶（順に） 15、30、45
❷ 4倍になる

3　7・8ページ

1 $60\times3.4=204$　204円
2 ❶ $8\times3.5=28$　28 m
❷ $8\times0.7=5.6$　5.6 m
3 $35\times1.8=63$　63 kg
4 $45\times0.8=36$　36 km

★ ★ ★

1 $25\times4.56=114$　114 g
2 $12\times2.65=31.8$　$31.8\,m^2$
3 $15\times1.08=16.2$　$16.2\,m^2$
4 $3\times3\times8.25=74.25$
$74.25\,cm^3$

4　9・10ページ

1 ❶ 6　❷ 0.7×1.2　❸ 0.14
2 $1.3\times0.8=1.04$　1.04 kg
3 $32.5\times2.4=78$　78 kg
4 $6.9\times9.2=63.48$
$63.48\,cm^2$

★ ★ ★

1 2.8×7.25＝20.3　20.3g

2 3.64×1.5＝5.46　5.46m

3 3.4－1.5＝1.9

1.9×1.5＝2.85　2.85

4 (3.9＋1.6)×(1.2＋2.6)＝20.9

1.5×1.2＝1.8

1.6×1.5＝2.4

20.9　1.8－2.4＝16.7

16.7km²

5　11・12ページ

1 240÷1.6＝150　150円

2 2030÷3.5＝580　580円

3 45÷5.2＝8 あまり 3.4

8＋1＝9

9つ　3.4L入れることになる

4 9÷2.5＝3.6　3.6kg

★ ★ ★

1 3÷0.35＝8 あまり 0.2

8本できて、0.2L あまる

2 140÷6.8＝20 あまり 4

20さつ、すきまは 4cm になる

3 13÷4.7＝2.76…　約 2.8m

4 ❶ 2÷1.6＝1.25　1.25倍

❷ 1÷1.6＝0.625　0.625倍

6　13・14ページ

1 ❶ 6÷0.2　❷ 9　❸ 1.4÷0.7

2 0.6÷2.4＝0.25　0.25kg

3 97.5÷1.6＝60 あまり 1.5

60本、1.5m 残る

4 22.1÷0.85＝26　26km²

★ ★ ★

1 19.8＋1.8＝21.6

21.6÷1.8＝12　12

2 98.6÷3.4＝29

29＋1＝30

30×2＝60　60本

3 3.87÷0.45＝8.6　8.6m

4 67.5÷9.25＝7.29…

約 7.3倍

7　15・16ページ

1 ㋐と㋜、㋑と㋛、㋕と㋘

2 ❶ 頂点H　❷ 辺CB　❸ 角F

3 ㋒

★ ★ ★

1 ㋓

2 ❶ 頂点C　❷ 辺CF　❸ 角D

3 ❶ 辺CD　❷ 9.6cm　❸ 50°

8　17・18ページ

1 ❶ ㋑　❷ ㋒　❸ ㋐

2 (しょうりゃく)

★ ★ ★

1 ❶❷(しょうりゃく)

2 (しょうりゃく)

9　19・20ページ

1 ❶ (順に)　180°、360°

❷ 多角形

2 ㋐ 94°　㋑ 90°　㋒ 83°

㋓ 129°

3 ❶ 50°　❷ 120°　❸ 70°

★ ★ ★

1 ㋐ 105°　㋑ 165°

2 (四角形)1本　(五角形)2本
(六角形)3本　(七角形)4本

3 (四角形)360°　(五角形)540°
(六角形)720°　(七角形)900°

10

21・22ページ

1 ❶ 6　❷ 17　❸ 4　❹ 12
(偶数)12、34 (奇数)9、25

2 ❶ 偶数　❷ 奇数

3 ❶ 20　❷ 16　❸ 3

★ ★ ★

1 21　2 17

3 午前9時24分

4 ❶ 36cm　❷ 12まい

11

23・24ページ

1 ❶ 1、2、4、8
❷ 1、2、3、4、6、12　❸ 4

2 ❶ 10　❷ 10　❸ 5　❹ 16

★ ★ ★

1 1　2 6

3 ❶ 16cm　❷ 15まい

4 1人、2人、3人、4人、
6人、8人、12人、24人

12

25・26ページ

1 $\frac{1}{4}+\frac{1}{5}=\frac{9}{20}$　$\frac{9}{20}$L

2 $\frac{5}{6}+\frac{3}{8}=\frac{29}{24}$　$\frac{29}{24}\left(1\frac{5}{24}\right)$L

3 $\frac{5}{6}+\frac{2}{3}=\frac{3}{2}$　$\frac{3}{2}\left(1\frac{1}{2}\right)$m

4 $\frac{7}{9}+\frac{5}{7}=\frac{94}{63}$　$\frac{94}{63}\left(1\frac{31}{63}\right)$km

★ ★ ★

1 $\frac{2}{3}+\frac{7}{12}=\frac{5}{4}$　$\frac{5}{4}\left(1\frac{1}{4}\right)$時間

2 $\frac{8}{3}+\frac{9}{5}=\frac{67}{15}$　$\frac{67}{15}\left(4\frac{7}{15}\right)$L

3 $\frac{13}{15}+\frac{11}{20}=\frac{17}{12}$　$\frac{17}{12}\left(1\frac{5}{12}\right)$時間

4 $\frac{4}{3}+\frac{3}{4}+\frac{13}{6}=\frac{17}{4}$　$\frac{17}{4}\left(4\frac{1}{4}\right)$m

13

27・28ページ

1 $\frac{5}{6}-\frac{3}{4}=\frac{1}{12}$　$\frac{1}{12}$m

2 $\frac{7}{8}-\frac{1}{6}=\frac{17}{24}$　$\frac{17}{24}$L

3 $\frac{4}{5}-\frac{5}{7}=\frac{3}{35}$

あきなさんのほうが$\frac{3}{35}$km長い

4 $\frac{8}{9}-\frac{1}{6}-\frac{1}{4}=\frac{17}{36}$　$\frac{17}{36}$L

★ ★ ★

1 $\frac{4}{3}-\frac{3}{4}=\frac{7}{12}$　$\frac{7}{12}$L

2 $\frac{11}{6}-\frac{13}{10}=\frac{8}{15}$

すすむさんのほうが$\frac{8}{15}$分速い

3 $\frac{17}{12}-\frac{19}{15}=\frac{3}{20}$

えりさんのほうが$\frac{3}{20}$時間多い

4 $\frac{29}{14}-\frac{7}{6}=\frac{19}{21}$　$\frac{19}{21}$km

14 29・30ページ

1 $1\frac{1}{3}+\frac{4}{5}=2\frac{2}{15}$　$2\frac{2}{15}\left(\frac{32}{15}\right)$

2 $\frac{1}{4}+1\frac{5}{7}=1\frac{27}{28}$　$1\frac{27}{28}\left(\frac{55}{28}\right)$L

3 $2\frac{8}{9}+1\frac{5}{6}=4\frac{13}{18}$　$4\frac{13}{18}\left(\frac{85}{18}\right)m^2$

4 $2\frac{2}{3}+3\frac{5}{6}=6\frac{1}{2}$　$6\frac{1}{2}\left(\frac{13}{2}\right)$g

★★★

1 $\frac{3}{4}+1\frac{2}{3}=2\frac{5}{12}$　$2\frac{5}{12}\left(\frac{29}{12}\right)$L

2 $2\frac{1}{2}+\frac{5}{6}=3\frac{1}{3}$　$3\frac{1}{3}\left(\frac{10}{3}\right)$m

3 $2\frac{3}{4}+3\frac{7}{12}=6\frac{1}{3}$　$6\frac{1}{3}\left(\frac{19}{3}\right)$km

4 $4\frac{5}{6}+1\frac{3}{10}=6\frac{2}{15}$　$6\frac{2}{15}\left(\frac{92}{15}\right)$kg

15 31・32ページ

1 $2\frac{1}{3}-\frac{1}{4}=2\frac{1}{12}$　$2\frac{1}{12}\left(\frac{25}{12}\right)$

2 $1\frac{5}{6}-\frac{1}{3}=1\frac{1}{2}$　$1\frac{1}{2}\left(\frac{3}{2}\right)$L

3 $3\frac{1}{5}-1\frac{3}{4}=1\frac{9}{20}$　$1\frac{9}{20}\left(\frac{29}{20}\right)$kg

4 $4-2\frac{5}{8}=1\frac{3}{8}$　$1\frac{3}{8}\left(\frac{11}{8}\right)$m

★★★

1 $1\frac{3}{5}-\frac{5}{6}=\frac{23}{30}$　$\frac{23}{30}$時間

2 $4\frac{7}{20}-1\frac{3}{4}=2\frac{3}{5}$　$2\frac{3}{5}\left(\frac{13}{5}\right)$km

3 $5\frac{5}{12}-2\frac{7}{9}=2\frac{23}{36}$　$2\frac{23}{36}\left(\frac{95}{36}\right)$L

4 $3\frac{5}{6}-1\frac{13}{21}=2\frac{3}{14}$　$2\frac{3}{14}\left(\frac{31}{14}\right)$kg

16 33・34ページ

1 ❶ $1\frac{8}{15}+2\frac{5}{6}=4\frac{11}{30}$　$4\frac{11}{30}\left(\frac{131}{30}\right)$kg

❷ $2\frac{5}{6}-1\frac{8}{15}=1\frac{3}{10}$　$1\frac{3}{10}\left(\frac{13}{10}\right)$kg

2 $3-\left(\frac{17}{12}+\frac{5}{6}\right)=\frac{3}{4}$　$\frac{3}{4}$時間

3 $5\frac{3}{4}+3\frac{2}{5}-9=\frac{3}{20}$　$\frac{3}{20}$m

★★★

1 $\frac{55}{12}-\left(\frac{9}{4}+\frac{5}{9}\right)=\frac{16}{9}$　$\frac{16}{9}\left(1\frac{7}{9}\right)$L

2 $\frac{9}{5}+\frac{5}{3}-\frac{13}{6}=\frac{13}{10}$　$\frac{13}{10}\left(1\frac{3}{10}\right)$m

3 $9-\left(3\frac{7}{12}+2\frac{4}{15}\right)=3\frac{3}{20}$

$3\frac{3}{20}\left(\frac{63}{20}\right)$m

4 $1\frac{3}{4}-\frac{3}{10}+1\frac{4}{5}=3\frac{1}{4}$　$3\frac{1}{4}\left(\frac{13}{4}\right)$L

17 35・36ページ

1 ❶ $\frac{11}{10}$、1、0.9　❷ $\frac{2}{3}$、0.6、$\frac{1}{2}$

❸ $\frac{5}{6}$、0.8、$\frac{3}{4}$

2 $2\div3=\frac{2}{3}$　$\frac{2}{3}$L

3 $16\div6=\frac{8}{3}$　$\frac{8}{3}\left(2\frac{2}{3}\right)$m

4 （分数）$\frac{3}{4}$倍　（小数）0.75倍

★★★

1 ❶ $\frac{3}{5}$時間　❷ $\frac{7}{10}$分

❸ $\frac{10}{3}\left(3\frac{1}{3}\right)$時間

2 ❶ $\frac{3}{7}>0.4$　❷ $\frac{9}{13}<0.7$

3 ㋐ $\frac{6}{3}$、$\frac{8}{2}$

㋑ $\frac{11}{2}$、$3\frac{3}{4}$、$\frac{7}{10}$、$\frac{5}{8}$

㋒ $\frac{4}{3}$、$1\frac{1}{6}$、$\frac{2}{9}$

4 $\frac{5}{6}-0.3=\frac{8}{15}$　$\frac{8}{15}$L

18　37・38ページ

1 ❶ 130＋135＋123＋117
＋120＋128＋122＋125
＝1000　1000g

❷ 1000÷8＝125　125g

2 (80＋70＋55＋65)÷4
＝67.5　67.5点

3 (2.1＋1.9＋1.6＋1.6＋1.9
＋2.1＋2.1)÷7＝1.9　1.9dL

★ ★ ★

1 240×20＝4800　約4.8kg

2 87×3−85−91＝85
85点

3 (85×4＋75)÷5＝83
83点

4 75×5−70×4＝95　95点

19　39・40ページ

1 400÷5＝80　720÷8＝90
Aのほうが10円安い

2 (順に)km^2、人口

3 ❶ 236÷30＝7.8…
286÷32＝8.9…
銅が重い

❷ 30÷236＝0.127…
32÷286＝0.111…
鉄が長い

★ ★ ★

1 900÷45＝20
400÷25＝16
Aの自動車が4km長い

2 ❶ (A市)　238751÷86
＝2776.…　約2800人
(B市)　296443÷120
＝2470.…　約2500人

❷ A市のほうがこんでいる

3 370×4100＝1517000
約1500000人

20　41・42ページ

1 30÷20＝1.5
24÷15＝1.6
Bの自動車のほうが速く走った

2 650÷5＝130　130m

3 40÷2.5＝16　16分

4 20÷16＝1.25　分速1.25km

★ ★ ★

1 3300÷15＝220　220m

2 2250÷30＝75　秒速75m

3 80×3.5＝280　280km

4 ❶ 12000÷20＝600
分速600m

❷ 600×45＝27000　27km

21 43・44ページ

1 $120 \div 40 = 3$ 3時間

2 ❶ $2100 \div 35 = 60$ 分速60m

❷ $3000 \div 60 = 50$ 50分

3 ❶ $60 + 80 = 140$ 140m

❷ $840 \div 140 = 6$ 6分後

★ ★ ★

1 ❶ $180 \div 60 = 3$ 秒速3m

❷ $300 \div 3 = 100$ 1分40秒

2 ❶ $100 \times 6 = 600$ 600m

❷ $600 \div (250 - 100) = 4$ 4分後

❸ $250 \times 4 = 1000$ 1000m

22 45・46ページ

1 $96 \div 8 = 12$ 12cm

2 $4 \times 2 \div 2 = 4$

$(6 + 8) \times 4 \div 2 = 28$

$4 + 28 = 32$ 32m²

3 ❶ $5 \times 2 \div 2 + 5 \times 8 \div 2 = 25$

25cm²

❷ $6 \times 10 = 60$

$5 \times 2 \div 2 = 5$

$5 \times 3 \div 2 = 7.5$

$60 - 5 - 7.5 = 47.5$

47.5cm²

★ ★ ★

1 $14 \times 2 \div 7 = 4$ 4cm

2 $27 - 6 = 21$

$21 - 7 - 3 = 11$

$(21 + 11) \times 16 \div 2 = 256$

256m²

3 ❶ $4 \times 3 \div 2 = 6$

$2.4 \times 4.5 \div 2 = 5.4$

$4 \times 2 \div 2 = 4$

$6 + 5.4 + 4 = 15.4$ 15.4m²

❷ $12 \times 6 \div 2 = 36$

$12 \times 2 \div 2 = 12$

$36 + 12 = 48$ 48m²

23 47・48ページ

1 $17 \div 20 = 0.85$

$20 \div 25 = 0.8$ たつやさん

2 $152 \div 760 = 0.2$ 20%

3 $9 \div 36 = 0.25$

(小数)0.25 (百分率)25%

4 $208 \div 400 = 0.52$

(小数)0.52 (歩合)5割2分

★ ★ ★

1 $156 \div 120 = 1.3$

(小数)1.3 (百分率)130%

2 $54 \div 75 = 0.72$ 72%

3 $35 \div 200 = 0.175$ 17.5%

4 $(150 - 78) \div 150 = 0.48$

(小数)0.48 (歩合)4割8分

24 49・50ページ

1 $12 \times 0.6 = 7.2$ 7.2m²

2 $420 \times 0.05 = 21$ 21g

3 $360 \div 0.15 = 2400$

2400円

4 $15 \div 0.06 = 250$ 250人

★ ★ ★

1 $140 \times 0.35 = 49$ 49人

2 $160\times0.75=120$
$160-35=125$
はるかさんのほうが5ページ多い

3 $1.56\div0.65=2.4$　2.4km

4 $2380\div(1-0.15)=2800$
2800円

25　51・52ページ

1 ❶ ㋐25 ㋑30 ㋒45 ㋓20

❷
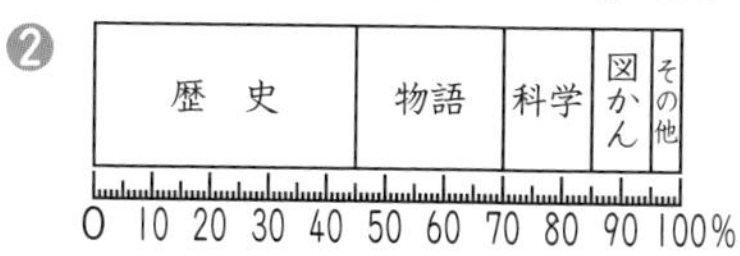

❸ 右の図

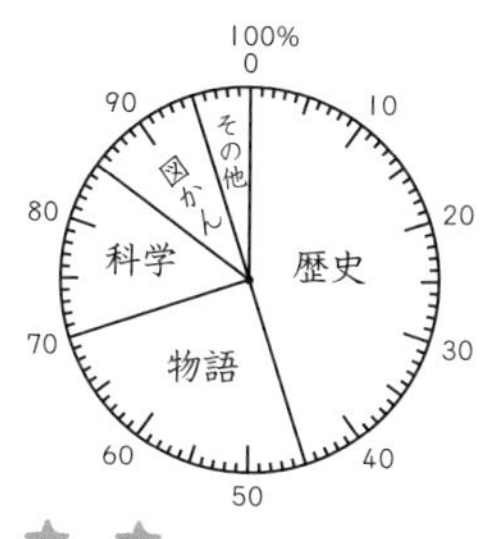

❹ 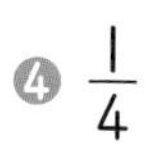 $\frac{1}{4}$

❺ $\frac{1}{3}$

★★★

1 ❶ 33%　❷ 1.5倍
❸ 87g

2 ❶ ㋐ 23%　㋑ 18%
㋒ 14%
❷ 約$\frac{1}{2}$
❸ 23km^2

26　53・54ページ

1 ❶ ㋐ 85　㋑ 25　㋒ 35
❷ □＋△＝100

2 ❶ ㋐ 12　㋑ 18　㋒ 30
❷ △＝6×□
❸ 面積も2倍、3倍、…になる

★★★

1 ❶ ㋐ 10　㋑ 10　㋒ 40
❷ □×△＝40

2 ❶ △＝20×□
❷ ㋐ 20　㋑ 60　㋒ 80
❸ 体積も2倍、3倍、…になる

27　55・56ページ

1

45°

2 ❶ 14.13cm　❷ 31.4cm
❸ 40cm　❹ 100cm

3 $42\times3.14-40\times3.14$
$=2\times3.14=6.28$　6.28cm

★★★

1 $360\div5=72$　72°

2 $157\div3.14=50$
$50\div2=25$　25cm

3 $10\times3.14\div2=15.7$
$15.7+10=25.7$　25.7m

4 $12\times3.14\div4+6\times3.14\div4$
$+3\times2=20.13$　20.13cm

28　57・58ページ

1 ❶ 円柱　❷ 三角柱
❸ 五角柱　❹ 四角柱(直方体)

2 ❶ 頂点　❷ 辺
❸ 側面　❹ 底面

3 ❶ 長方形　❷ 平行
❸ 垂直　❹ 3

★★★

1

	面の数	辺の数	頂点の数
四角柱	6	12	8
五角柱	7	15	10
六角柱	8	18	12

2 ❶ 長方形　❷ 底面
❸ 長方形　❹ 円

3

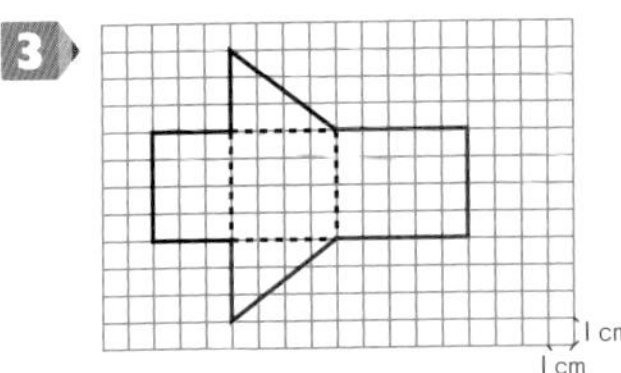

29　59・60ページ

1 ❶ 三角柱　❷ 円柱
❸ 四角柱(直方体)　❹ 五角柱

2 ❶ 8cm　❷ 12cm
❸ 24cm　❹ 80cm

★ ★ ★

1 ❶ 三角柱　❷ 辺ウイ
❸ 点ウ、点ケ

2 $6\times3.14=18.84$
$18.84\times8=150.72$
(長さ)18.84cm　(面積)150.72cm²

3

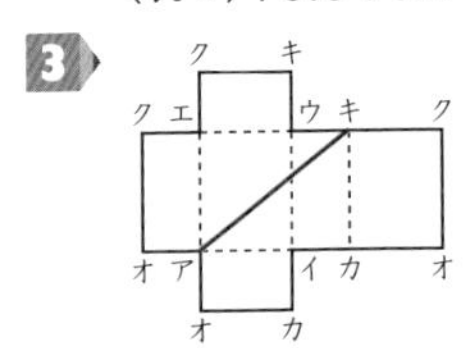

30　61ページ

1 $(79+88+94+92+80)$
$\div5=86.6$　86.6点

2 72秒後

3 $2.8\times1.2=3.36$　3.36m

4 $80\div1.8=44$ あまり 0.8
$44+1=45$　45本、0.8L入る

31　62ページ

1 ❶ $4\frac{2}{5}+2\frac{5}{8}=7\frac{1}{40}$　$7\frac{1}{40}\left(\frac{281}{40}\right)$m

❷ $4\frac{2}{5}-2\frac{5}{8}=1\frac{31}{40}$　$1\frac{31}{40}\left(\frac{71}{40}\right)$m

2 $45\times6=270$　270km

3 ❶ $10\times12\div2=60$　60cm²
❷ $(11.5+9.5)\times9\div2$
$=94.5$　94.5cm²

32　63ページ

1 ❶ $12\times8\times6=576$　576cm³
❷ $7\times7\times7=343$　343m³

2 $250\div20=12.5$
$300\div25=12$　自動車A

3 ❶ (食費)85000円
(教育費)40000円
❷ 32(%)、80000(円)

33　64ページ

1

2 ❶ ㋒　❷ ㋑、㋒、㋓

3 ❶ 6　❷ 10、24　❸ 20、30

4 $12\times3.14\div2+8\times3.14\div2+4$
$\times3.14\div2=37.68$
37.68cm

3 2 1 0 9 8 7 6 5 4
＊ ＊ D C B A